建筑工人职业技能培训教材

# 建筑工人现场施工安全读本

《建筑工人职业技能培训教材》编委会 编

中国建材工业出版社

**图书在版编目(CIP)数据**

建筑工人现场施工安全读本 /《建筑工人职业技能培训教材》编委会编. —— 北京 : 中国建材工业出版社，2016.8

建筑工人职业技能培训教材

ISBN 978-7-5160-1551-3

Ⅰ. ①建… Ⅱ. ①建… Ⅲ. ①建筑工程—工程施工—安全技术—技术培训—教材 Ⅳ. ①TU714

中国版本图书馆 CIP 数据核字(2016)第 145310 号

**建筑工人现场施工安全读本**

《建筑工人职业技能培训教材》编委会 编

出版发行：中国建材工业出版社

地　　址：北京市海淀区三里河路 1 号

邮　　编：100044

经　　销：全国各地新华书店

印　　刷：北京雁林吉兆印刷有限公司

开　　本：850mm×1168mm 1/32

印　　张：6.75

字　　数：150 千字

版　　次：2016 年 8 月第 1 版

印　　次：2016 年 8 月第 1 次

定　　价：24.00 元

---

**本社网址**：www.jccbs.com　**微信公众号**：zgjcgycbs

**本书如出现印装质量问题，由我社市场营销部负责调换。电话**：(010)88386906

# 《建筑工人职业技能培训教材》

## 编审委员会

**主编单位**：中国工程建设标准化协会建筑施工专业委员会
黑龙江省建设教育协会
新疆建设教育协会

**参编单位**："金鲁班"应用平台
《建筑工人》杂志社
重庆市职工职业培训学校
北京万方建知教育科技有限公司

**主　　审**：吴松勤　葛恒岳

**编写委员**：宋道霞　刘鹏华　高建辉　王洪洋　谷明岂
王　锋　郑立波　刘福利　丛培源　肖明武
欧应辉　黄财杰　孟东辉　曾　方　滕　虎
梁泰臣　崔　铮　刘兴宇　姚亚亚　申林虎
白志忠　温丽丹　蔡芳芳　庞灵玲　李思远
曹　烁　李程程　付海燕　李达宁　齐丽香

# 前　言

《中华人民共和国就业促进法》、国务院《关于加快发展现代职业教育的决定》[国发(2014)19号]、住房和城乡建设部《关于印发建筑业农民工技能培训示范工程实施意见的通知》[建人(2008)109号]、住房和城乡建设部《关于加强建筑工人职业培训工作的指导意见》[建人(2015)43号]、住房和城乡建设部办公厅《关于建筑工人职业培训合格证有关事项的通知》[建办人(2015)34号]等相关文件，对全面提高工人职业操作技能水平，以保证工程质量和安全生产做出了明确的要求。

根据住房和城乡建设部就加强建筑工人职业培训工作，做出的"到2020年，实现全行业建筑工人全员培训、持证上岗"具体规定，为更好地贯彻落实国家及行业主管部门相关文件精神和要求，全面做好建筑工人职业技能教育培训，由中国工程建设标准化协会建筑施工专业委员会、黑龙江省建设教育协会、新疆建设教育协会会同相关施工企业、培训单位等，组织了由建设行业专家学者、培训讲师、一线工程技术人员及具有丰富施工操作经验的工人和技师等组成的编审委员会，编写这套《建筑工人职业技能培训教材》。

本套丛书主要依据住房和城乡建设部、人力资源和社会保障部发布的《职业技能岗位鉴定规范》《中华人民共和国职业分类大典(2015年版)》《建筑工程施工职业技能标准》《建筑装饰装修职业技能标准》《建筑工程安装职业技能标准》等标准要求，以实现全面提高建设领域职工队伍整体素质，加快培养具有熟练操作技能的技术工人，尤其是加快提高建筑业农民工职业技能水平，保证建筑工程质量和安全，促进广大农民工就业为目标，重点抓住建筑工人现场施工操作技能和安全为核心进行编制，"量身订制"打造了一套适合不同文化层次的技术工人和读者需要的技能培训教材。

本套教材系统、全面地介绍了各工种相关专业基础知识、操作技能、安全知识等，同时涵盖了先进、成熟、实用的建筑工程施工技术，还包括了现代新材料、新技术、新工艺和环境、职业健康安全、节能环保等方面的知识，力求做到了技术内容最新、最实用，文字通俗易懂，语言生动简洁，辅以大量直观的图表，非常适合不同层次水平、不同年龄的建筑工人职业技能培训和实际施工操作应用。

丛书共包括了“建筑工程”、“装饰装修工程”、“安装工程”3大系列以及《建筑工人现场施工安全读本》，共25个分册：

一、“建筑工程”系列，包括8个分册，分别是：《砌筑工》《钢筋工》《架子工》《混凝土工》《模板工》《防水工》《木工》和《测量放线工》。

二、“装饰装修工程”系列，包括8个分册，分别是：《抹灰工》《油漆工》《镶贴工》《涂裱工》《装饰装修木工》《幕墙安装工》《幕墙制作工》和《金属工》。

三、“安装工程”系列，包括8个分册，分别是：《通风工》《安装起重工》《安装钳工》《电气设备安装调试工》《管道工》《建筑电工》《中小型建筑机械操作工》和《电焊工》。

本书《建筑工人现场施工安全读本》是根据建筑工程现场施工操作安全要求，结合各工种职业操作技能要求和现场施工管理、劳动保护及消防等规定编制，内容具体、全面、易懂。本书内容包括从业人员的安全法定权利与义务，安全生产基本术语，建筑施工中的“不安全状态”，建筑施工中的“不安全行为”，建筑工人现场施工安全基本知识，现场施工安全操作基本规定，现场施工安全生产管理制度，班组长及工人安全职责，建筑工人安全培训，日常安全教育及记录，现场施工安全活动与记录，安全应急的培训、演练和宣传教育，消防安全教育培训，现场施工安全知识要点，季节性现场施工安全常识，现场施工劳动保护及安全防护，现场施工消防安全常识，相关法律法规及务工常识，建筑施工安全事故与工伤处理。

本书对于加强建筑工人培训工作，全面提升建筑工人操作技能水平具有很好的应用价值，不仅极大地提高工人操作技能水平和职业安全水平，更对保证建筑工程施工质量，促进建筑安装工程施工新技术、新工艺、新材料的推广与应用都有很好的推动作用。

由于时间限制，以及编者水平有限，本书难免有疏漏之处，欢迎广大读者批评指正，以便本丛书再版时修订。

编　者

**2016年8月　北京**

中国建材工业出版社
China Building Materials Press

# 目录 CONTENTS

# 第1部分　建筑工人施工安全基本知识

## 一、从业人员的安全法定权利与义务

### 1. 与安全生产相关的法律知识

(1)我国的安全生产方针。

“安全第一、预防为主、综合治理”是我国的安全生产方针。

安全生产方针是一个有机统一的整体。安全第一是预防为主、综合治理的统帅和灵魂;预防为主是实现安全第一的根本途径,综合治理是落实安全第一、预防为主的手段和方法。

安全规程和制度是前人用无数鲜血和生命换来的,是为了避免类似伤亡事故再次重演而制定的,事实证明90%以上的事故都是由于“三违”,即违章指挥、违章操作、违反劳动纪律造成的。

(2)常用安全生产法律法规。

生产经营单位从业人员常用的安全生产法律法规包括:《刑法》《安全生产法》《劳动法》《职业病防治法》《道路交通安全法》《消防法》《矿山安全法》等法律;《生产安全事故报告和调查处理条例》《工伤保险条例》《特种设备安全监察条例》《使用有毒物品作业场所劳动保护条例》《危险化学品安全管理条例》《民用爆炸物品安全管理条例》《烟花爆竹安全管理条例》《煤矿安全监察条例》《建设工程安全生产管理条例》等法规;国家安监总局以及原国家安监局、原国家经贸委等部门安全生产规章。法定安全生产标准分为国家标准和行业标准，两者对生产经营单位的安全生产具有同样的约束力。法定安全生产标准主要指强制性安全生产标准。

（3）安全生产违法行为的刑事责任。

《刑法》规定：在生产、作业中违反有关安全管理的规定，因而发生重大伤亡事故或者造成其他严重后果的，处三年以下有期徒刑或者拘役；情节特别恶劣的，处三年以上七年以下有期徒刑。强令他人违章冒险作业，因而发生重大伤亡事故或者造成其他严重后果的，处五年以下有期徒刑或者拘役；情节特别恶劣的，处五年以上有期徒刑。

## 2. 从业人员安全生产的权利和义务

《安全生产法》中所规定的生产经营单位的从业人员，是指该单位从事生产经营活动各项工作的所有人员，包括管理人员、技术人员和各岗位的工人，也包括生产经营单位临时聘用的人员，如农民工。

作为法律关系内容的权利与义务是对等的。没有无权利的义务，也没有无义务的权利。从业人员依法享有权利，这是法律赋予从业人员神圣的权利，是为了保护从业人员安全健康与合法权益的神圣武器，任何人不可剥夺；同时《安全生产法》也规定了从业人员最基本的义务和不容推卸的责任，如果违章违规，不履行法定义务，必须承担相应的法律责任。

（1）从业人员安全生产基本权利。

①危险因素和应急措施的知情权。

生产经营单位的从业人员有权了解其作业场所和工作岗位存在的危险因素、防范措施及事故应急措施。

②安全管理的批评检控权。

从业人员有权对本单位的安全生产工作提出建议；有权对本单位安全生产工作中存在的问题提出批评、检举、控告。

③拒绝违章指挥和强令冒险作业权。

法律赋予从业人员拒绝违章指挥和强令冒险作业的权利，生产经营单位负责人和管理人员必须照章指挥，保证安全，并不得因从业人员拒绝违章指挥和强令冒险作业而对其进行打击报复。

④紧急情况下的停止作业和紧急撤离权。

从业人员发现直接危及人身安全的紧急情况时，有权停止作业或者在采取可能的应急措施后撤离作业场所。

⑤享受工伤保险和伤亡求偿权。

因生产安全事故受到损害的从业人员，除依法享有工伤社会保险外，依照有关民事法律尚有获得赔偿权利的，有权向本单位提出赔偿要求。

(2)从业人员安全生产基本义务。

①遵章守规，服从管理的义务。

安全生产规章制度和操作规程是从业人员从事生产经营、确保安全的具体规范和依据。事实表明，从业人员违反规章制度和操作规程是导致生产安全事故的主要原因。违反规章制度和操作规程，大大增加了发生生产安全事故的概率。

从业人员不服从管理，违反安全生产规章制度和操作规程的，由生产经营单位给予批评教育，依照有关规章制度给予处分；造成重大事故，构成犯罪的，依照《刑法》有关规定追究其刑事责任。

②佩戴和使用劳动防护用品的义务。

获得合格劳动防护用品是从业人员的权利，而正确佩戴和使用则是其法定的义务。实践中由于一些从业人员缺乏安全知识，认为佩戴和使用劳动防护用品没有必要，往往不按规定佩戴或者不能正确佩戴和使用，由此引发的人身伤害时有发生，造成不必要的伤亡。

③接受培训，掌握安全生产技能的义务。

生产经营单位的安全生产培训工作是实现安全生产、提高员工安全意识和安全素质、防止不安全行为发生、减少人为失误的重要途径。

生产经营单位应当对从业人员进行安全生产教育和培训，保证从业人员熟悉有关的安全生产规章制度和安全操作规程，掌握本岗位的安全操作技能，具有系统的安全知识，具备对不安全因素和事故隐患、突发事故的预防、处理能力。

经安全生产教育和培训合格的从业人员方可上岗作业。从业人员安全培训教育包括新从业人员厂（矿）、车间（工段、区、队）、班组三级安全生产教育培训，调整工作岗位或离岗一年以上重新上岗从业人员的安全培训和特种作业人员的教育培训。

④发现事故隐患及时报告的义务。

从业人员直接进行生产经营作业，是事故隐患和不安全因素的第一当事人。如果从业人员及时发现并报告事故隐患和不安全因素，许多事故能够得到及时有效的处理，可以避免事故发生和降低事故损失。

## 二、安全生产基本术语

(1)安全生产：为预防生产过程中发生事故而采取的各种措施和活动。

(2)安全生产条件：满足安全生产的各种因素及其组合。

(3)安全生产业绩：在安全生产过程中产生的可测量的结果。

(4)安全生产能力:安全生产条件和安全生产业绩的组合。

(5)危险源:可能导致死亡、伤害、职业病、财产损失、工作环境破坏或这些情况组合的根源或状态。

(6)事故:造成死亡、伤害、职业病、财产损失、工作环境破坏或超出规定要求的不利环境影响的意外情况或事件的总称。

(7)隐患:未被事先识别,可导致事故的危险源和不安全行为及管理上的缺陷。

(8)安全生产保证体系:对项目安全风险和不利环境影响的管理系统。

(9)劳动强度:劳动的繁重和紧张程度的总和。

(10)特种设备:由国家认定的,因设备本身和外在的因素的影响容易发生事故,并且一旦发生事故造成人身伤亡及重大经济损失的危险性较大的设备。

(11)特种作业:由国家认定的,对操作者本人及其周围人员和设施的安全有重大危险因素的作业。

(12)特种工种:从事特种作业人员岗位类别的统称。

(13)特种劳动保护用品:由国家认定的,在易发生伤害及职业危害的场合,供职工穿戴或使用的劳动防护用品。

(14)有害物质:化学的、物理的、生物的等能危害职工健康的所有物质的总称。

(15)起因物:导致事故发生的物质。

(16)有毒物质:作用于生物体,能使机体发生暂时或永久性病变,导致疾病甚至死亡的物质。

(17)危害因素:能对人造成伤害或对事物造成突发性损坏的因素。

(18)有害因素:能影响人的身体健康,导致疾病或对物造成慢性损坏的因素。

(19)有害作用:作业环境中有害物质的浓度、剂量超过国家卫生标准中该物质最高允许值的作业。

(20)有尘作业:作业场所空气中粉尘含量超过国家卫生标准中粉尘的最高允许值的作业。

(21)有毒作业:作业场所空气中有毒物质含量超过国家卫生标准中有毒物质的最高允许浓度的作业。

(22)防护措施:为避免职工在作业时,身体的某个部位误入危险区域或解除有害物质而采取的隔离、屏蔽、安全距离、个人防护等措施或手段。

(23)个人防护用品:为使职工在职业活动过程中,免遭或减轻事故和职业危害因素的伤害而提供的个人劳动防护用品。

(24)安全认证:指由国家授权的机构依法对特种设备、特种作业场所、特种劳动防护用品的安全卫生性能,以及对特种作业人员的资格等进行考核、认可并颁发凭证的活动。

(25)职业安全:以防止职工在职业活动过程中发生各种伤亡事故为目的的工作领域及在法律、技术、设备、组织制度和教育等方面所采取的相应措施。

(26)职业卫生:以职工的健康在职业活动过程中免受有害因素侵害为目的的工作领域及在法律、技术设备、组织制度和教育等方面所采取的相应措施。

(27)女职工劳动保护:针对女职工在经期、孕期、产期、哺乳期等的生理特点,在工作时间和工作分配等方面所进行的特殊保护。

(28)未成年工劳动保护:针对未成年工(已满 16 周岁未满 18 周岁)的生理特点,在工作时间和工作分配等方面所进行的特殊保护。

(29)职业病:职工因受职业性有害因素的影响引起的,由国家以法规形式,并经国家制定的医疗机构确认的疾病。

(30)职业禁忌:某些疾病(或某些生理缺陷),其患者如从事某种职业便会因职业危害因素而使病情加重或易于发生事故,则称此疾病(或生理缺陷)为该职业的职业性禁忌。

(31)重大事故:会对职工、公众或环境以及生产设备造成即刻或延迟性严重危害的事故。同义词:恶性事故。

(32)违章指挥:强迫职工违反国家法律、法规、规章制度或操作规程进行作业的行为。

(33)违章操作:职工不遵守规章制度,冒险进行操作的行为。

(34)工作条件:职工在工作中的设施条件、工作环境、劳动强度和工作时间的总和。同义词:劳动条件。

(35)工作环境:工作场所及周围空间的安全卫生状态和条件。

(36)致害物:指直接引起伤害及中毒的物体或物质。

(37)伤害方式:指致害物与人体发生接触的方式。

(38)不安全状态:指能导致事故发生的物质条件。

(39)不安全行为:指能造成事故的人为错误。

(40)轻伤:指损失工作日低于105日的失能伤害。

(41)重伤:指相当于损失工作日等于或超过105日的失能伤害。

## 三、建筑施工中的“不安全状态”

### 1. 防护、保险、信号等装置缺乏或有缺陷

(1)无防护。

①无防护罩。

②无安全保险装置。

③无报警装置。

④无安全标志。

⑤无防护栏或防护栏损坏。

⑥电气设备未接地。

⑦绝缘不良。

⑧风扇无消声系统、噪声大。

⑨危房内作业。

⑩未安装防止“跑车”的挡车器或挡车栏。

⑪其他。

(2)防护不当。

①防护罩未在适当位置。

②防护装置调整不当。

③坑道掘进、隧道开凿支撑不当。

④防爆装置不当。

⑤采伐、集体作业安全距离不够。

⑥放炮作业隐蔽所有缺陷。

⑦电气装置带电部分裸露。

⑧其他。

## 2. 设备、设施、工具、附件有缺陷

(1)设计不当、结构不符合安全要求。

①通道门遮挡视线。

②制动装置有欠缺。

③安全间距不够。

④挡车网有欠缺。

⑤工件有锋利毛刺、毛边。

⑥设施上有锋利倒棱。

⑦其他。

(2)强度不够。

①机械强度不够。

②绝缘强度不够。

③起吊重物的绳索不符合安全要求。

④其他。

(3)设备在非正常状态下运行。

①设备带“病”运转。

②超负荷运转。

③其他。

(4)维修、调正不良。

①设备失修。

②地面不平。

③保养不当、设备失灵。

④其他。

### 3. 个人防护用品用具缺少或有缺陷

防护服、手套、护目镜及面罩、呼吸器官护具、听力护具、安全带、安全帽、安全鞋等缺少或有缺陷。

(1)无个人防护用品、用具。

(2)所用防护用品、用具不符合安全要求。

### 4. 生产(施工)场地环境不良

(1)照明光线不良。

①照度不足。

②作业场地烟雾灰尘弥漫、视物不清。

③光线过强。

(2)通风不良。

①无通风。

②通风系统效率低。

③供电线路短路。

④有限空间停电停风作业。

⑤其他。

(3)作业场所狭窄。

(4)作业场地杂乱。

①工具、制品、材料堆放不安全。

②采伐时,未安全开道。

③迎门树、坐殿树、搭挂树未作处理。

④其他。

(5)交通线路的配置不安全。

(6)操作工序设计或配置不安全。

(7)地面滑。

①地面有油或其他液体。

②冰雪覆盖。

③地面有其他易滑物。

(8)储存方法不安全。

(9)环境温度、湿度不当。

## 四、建筑施工中的"不安全行为"

(1)操作错误、忽视安全、忽视警告。

①未经许可开动、关停、移动机器;②开动、关停机器时未给信号;③开关未锁紧,造成意外移动、通电或漏电等;④忘记关闭设备;⑤忽视警告标记、警告信号;⑥操作错误(指按钮、阀门、扳手、把柄等的操作);⑦奔跑作业;⑧供料或送料速度过快;⑨机

器超速运转；⑩违章驾驶机动车；⑪酒后作业；⑫客货混载；⑬冲压机作业时，手伸进冲压模；⑭工件坚固不牢；⑮用压缩空气吹铁屑；⑯其他。

(2)造成安全装置失效。

①拆除了安全装置；②安全装置堵塞，失去了作用；③调整的错误造成安全装置失效；④其他。

(3)使用不安全设备。

①临时使用不牢固的设施；②使用无安全装置的设备；③其他。

(4)手代替工具操作。

①用手代替手动工具；②用手清除切屑；③不用夹具固定、用手拿工件进行机加工。

(5)物体(指成品、半成品、材料、工具、切屑和生产用品等)存放不当。

(6)冒险进入危险场所。

①冒险进入涵洞；②接近漏料处，无安全设施；③采伐、集材、运材、装车时，未离危险区；④未经安全监察人员允许进入油灌或井中；⑤未"敲帮问顶"开始作业；⑥冒进信号；⑦调车场超速上下车；⑧易燃易爆场合明火；⑨在绞车道行走；⑩未及时瞭望。

(7)攀、坐不安全位置(如平台护拦、汽车挡板、吊车吊钩)。

(8)在起吊物下作业、停留。

(9)机器运转时加油、修理、调整、焊接、清扫等工作。

(10)有分散注意力的行为。

(11)在必须使用个人防护用品用具的作业或场合中忽视其作用。

①未戴护目镜或面罩；②未戴防护手套；③未穿安全鞋；④

未戴安全帽；⑤未佩戴呼吸护具；⑥未佩戴安全带；⑦未戴工作帽；⑧其他。

(12)不安全装束。

①在有旋转零件的设备旁作业穿过肥大服装；②操纵带有旋转部件的设备时戴手套；③其他。

## 五、建筑工人现场施工安全基本知识

### 1. 施工现场安全生产的基本特点

(1)建筑产品的多样性。建筑结构是多样的，有混凝土结构、钢结构、木结构等；规模是多样的，从几百平方米到数百万平方米不等；建筑功能和工艺方法也同样是多样的。

建造不同的建筑产品，对人员、材料、机械设备、防护用品、施工技术等有不同的要求，而且建筑现场环境也千差万别，这些差别决定了建设过程中总会面临新的建筑安全问题。

(2)施工条件的多变性。随着施工的推进，施工现场会从最初的地下十几米的深基坑变成耸立几百米的大楼，建设过程中的周边环境、作业条件、施工技术都在不断变化，包含着较高的风险。

(3)施工环境的危险性。建筑施工的高耗能、施工作业的高强度、施工现场的噪声、热量、有害气体和尘土等，以及施工工作露天作业，这些都是工人经常面对的不利工作环境的负荷。严寒和高温使得工人体力和注意力下降，雨雪天气会导致工作面的湿滑，这些都容易导致事故的发生。

(4)施工人员的流动性。建筑业属于劳动密集型行业，需要大量的人力资源。工人与施工单位间的短期雇佣关系，造成施工单位对施工作用培训严重不足，使得施工人员违章操作时有发生。

## 2. 工人上岗的基本安全要求

(1)新工人上岗前必须签订劳动合同。

《中华人民共和国劳动法》规定:建立劳动关系应当订立劳动合同。劳动合同是劳动者与用人单位确立劳动关系、明确双方权利和义务的协议。

(2)新工人上岗前的“三级”教育记录。

新进场的劳动者必须经过上岗前的“三级”安全教育,即公司教育、项目部教育、班组教育。教育时间分别不少于15学时、15学时、20学时。有条件的企业应建立“民工安全流动学校”加强对职工的安全教育,经统一考核、统一发证后,方可上岗。

(3)重新上岗、转岗应接受安全教育。

转换工作岗位和离岗后重新上岗人员,必须重新经过“三级”安全教育后才允许上岗工作。同时各个工种(瓦工、木工、钢筋工、中小型机械操作工等)应熟悉各自的安全操作规程。

(4)特种作业是指对操作者和其他工种作业人员以及对周围设施的安全有重大危险因素的作业。特种作业人员包括:电工、锅炉司炉工、起重工(包括各种起重司机、起重指挥和司索人员)、压力容器工、金属焊接(气割)工、安装拆卸工、场内机动车辆驾驶和建筑登高架设人员等。

(5)特种作业操作证,每两年复审一次。连续从事本工种10年以上的,经用人单位进行知识更新教育后,复审时间可延长至每四年一次。

(6)《中华人民共和国劳动法》规定:从事特种作业的劳动者,必须经过专门培训,并取得特种作业资格。

### 3. 进入施工现场的基本安全纪律

(1)进入施工现场必须戴好安全帽,系好帽带,并正确使用个人劳动防护用品。

(2)穿拖鞋、高跟鞋、赤脚或赤膊不准进入施工现场。

(3)未经安全教育培训合格不得上岗,非操作者严禁进入危险区域;特种作业必须持特种作业资格证上岗。

(4)凡 2m 以上的高处作业无安全设施,必须系好安全带;安全带必须先挂牢后再作业。

(5)高处作业材料和工具等物件不得上抛下掷。

(6)穿硬底鞋不得进行登高作业。

(7)机械设备、机具使用,必须执行“定人、定机”制度;未经有关人员同意,非操作人员不得使用。

(8)电动机械设备,必须有漏电保护装置和可靠保护接零,方可启动使用。

(9)未经有关人员批准,不得随意拆除安全设施和安全装置;因作业需要拆除的,作业完毕后,必须立即恢复。

(10)井字架吊篮、料斗不准乘人。

(11)酒后不准上班作业。

(12)作业前应对相关的作业人员进行安全技术交底。

## 六、现场施工安全操作基本规定

### 1. 杜绝“三违”现象

员工遵章守纪,是实现安全生产的基础。员工在生产过程中,不仅要有熟练的技术,而且必须自觉遵守各项操作规程和劳动纪律,远离“三违”,即违章指挥、违章操作、违反劳动纪律。

（1）违章指挥。企业负责人和有关管理人员法制观念淡薄，缺乏安全知识，思想上存有侥幸心理，对国家、集体的财产和人民群众的生命安全不负责任。明知不符合安全生产有关条件，仍指挥作业人员冒险作业。

（2）违章作业。作业人员没有安全生产常识，不懂安全生产规章制度和操作规程，或者在知道基本安全知识的情况下，在作业过程中，违反安全生产规章制度和操作规程，不顾国家、集体的财产和他人、自己的生命安全，擅自作业，冒险蛮干。

（3）违反劳动纪律。上班时不知道劳动纪律，或者不遵守劳动纪律，违反劳动纪律进行冒险作业，造成不安全因素。

### 2. 牢记“三宝”和“四口、五临边”

（1）“三宝”指安全帽、安全带、安全网。安全帽、安全带、安全网是工人的三件宝，只有正确佩戴和使用，才可以保证个人安全。

（2）“四口”指楼梯口、电梯井口、预留洞口、通道口。“五临边”是指尚未安装栏杆的阳台周边，无外架防护的层面周边，框架工程楼层周边，上下跑道及斜道的两侧边，卸料平台的侧边。

“四口、五临边”是施工现场最危险和最容易发生事故的地方，因此对施工现场重要危险部位进行正确的防护，可以有效地减少事故发生，为工人作业提供一个安全的环境。

### 3. 做到“三不伤害”

“三不伤害”是指不伤害自己，不伤害他人，不被他人伤害。

施工现场每一个操作人员和管理人员都要增强自我保护意识，同时也要对安全生产自觉负起监督的责任，才能达到开展全员安全的目的。

施工时经常有上下层或者不同工种、不同队伍互相交叉作业的情况，大家要避免这时候发生危险。相互间协调好，上层作业时，要对作业区域围蔽，有人值守，防止人员进入作业区下方。此外，落物伤人也是工地经常发生的事故之一，大家时刻记住，进入施工现场，一定要戴好安全帽。作业过程中，观察周围，不伤害他人，也不被他人伤害，这是工地安全的基本原则。自己不违章，只能保证不伤害自己，不伤害别人。要做到不被别人伤害，这就要求我们要及时制止他人违章，制止他人违章既保护了自己，也保护了他人。

### 4. 加强“三懂三会”能力

“三懂三会”，即懂得本岗位和部门有什么火灾危险性，懂得灭火知识，懂得预防措施；会报火警，会使用灭火器材，会处理初起火灾。

### 5. 掌握“十项安全技术措施”

（1）按规定使用安全“三宝”。

（2）机械设备防护装置一定要齐全有效。

（3）塔吊等起重设备必须有限位保险装置，不准带病运转，不准超负荷作业，不准在运转中维修保养。

（4）架设电线线路必须符合当地电业局的规定，电气设备必须全部接零接地。

（5）电动机械和手持电动工具要设置漏电保护器。

（6）脚手架材料及脚手架的搭设必须符合规程要求。

（7）各种缆风绳及其设置必须符合规程要求。

（8）在建工程的楼梯口、电梯口、预留洞口、通道口，必须有防护设施。

（9）严禁赤脚或穿高跟鞋、拖鞋进入施工现场，高空作业不准穿硬底和带钉易滑的鞋靴。

（10）施工现场的悬崖、陡坎等危险地区应设警戒标志，夜间要设红灯示警。

### 6. 施工现场行走或上下的“十不准”

（1）不准从正在起吊、运吊中的物件下通过。

（2）不准从高处往下跳或奔跑作业。

（3）不准在没有防护的外墙和外壁板等建筑物上行走。

（4）不准站在小推车等不稳定的物体上操作。

（5）不得攀登起重臂、绳索、脚手架、井字架、龙门架和随同运料的吊盘及吊装物上下。

（6）不准进入挂有“禁止出入”或设有危险警示标志的区域、场所。

（7）不准在重要的运输通道或上下行走通道上逗留。

（8）未经允许不准私自进入非本单位作业区域或管理区域，尤其是存有易燃易爆物品的场所。

（9）严禁在无照明设施，无足够采光条件的区域、场所内行走、逗留。

（10）不准无关人员进入施工现场。

### 7. 做到“十不盲目操作”

做到“十不盲目操作”，是防止违章和事故的基本操作要求。

（1）新工人未经三级安全教育，复工换岗人员未经安全岗位教育，不盲目操作。

（2）特殊工种人员、机械操作工未经专门安全培训，无有效安全上岗操作证，不盲目操作。

（3）施工环境和作业对象情况不清，施工前无安全措施或作业安全交底不清，不盲目操作。

(4)新技术、新工艺、新设备、新材料、新岗位无安全措施，未进行安全培训教育、交底，不盲目操作。

(5)安全帽和作业所必须的个人防护用品不落实，不盲目操作。

(6)脚手、吊篮、塔吊、井字架、龙门架、外用电梯、起重机械、电焊机、钢筋机械、木工平刨、圆盘锯、搅拌机、打桩机等设施设备和现浇混凝土模板支撑、搭设安装后，未经验收合格，不盲目操作。

(7)作业场所安全防护措施不落实，安全隐患不排除，威胁人身和国家财产安全时，不盲目操作。

(8)凡上级或管理干部违章指挥，有冒险作业情况时，不盲目操作。

(9)高处作业、带电作业、禁火区作业、易燃易爆作业、爆破性作业、有中毒或窒息危险的作业和科研实验等其他危险作业的，均应由上级指派，并经安全交底；未经指派批准、未经安全交底和无安全防护措施，不盲目操作。

(10)隐患未排除，有自己伤害自己、自己伤害他人、自己被他人伤害的不安全因素存在时，不盲目操作。

### 8.“防止坠落和物体打击”的十项安全要求

(1)高处作业人员必须着装整齐，严禁穿硬塑料底等易滑鞋、高跟鞋，工具应随手放入工具袋中。

(2)高处作业人员严禁相互打闹，以免失足发生坠落事故。

(3)在进行攀登作业时，攀登用具结构必须牢固可靠，使用必须正确。

(4)各类手持机具使用前应检查，确保安全牢靠。洞口临边作业应防止物件坠落。

(5)施工人员应从规定的通道上下，不得攀爬脚手架、跨越阳台，不得在非规定通道进行攀登、行走。

(6)进行悬空作业时，应有牢靠的立足点并正确系挂安全带；现场应视具体情况配置防护栏网、栏杆或其他安全设施。

(7)高处作业时，所有物料应该堆放平稳，不可放置在临边或洞口附近，并不可妨碍通行。

(8)高处拆除作业时，对拆卸下的物料、建筑垃圾都要加以清理和及时运走，不得在走道上任意乱置或向下丢弃，保持作业走道畅通。

(9)高处作业时，不准往下或向上乱抛材料和工具等物件。

(10)各施工作业场所内，凡有坠落可能的任何物料，都应先行撤除或加以固定，拆卸作业要在设有禁区、有人监护的条件下进行。

### 9. 防止机械伤害的“一禁、二必须、三定、四不准”

(1)一禁。不懂电器和机械的人员严禁使用和摆弄机电设备。

(2)二必须。

①机电设备应完好，必须有可靠有效的安全防护装置。

②机电设备停电、停工休息时必须拉闸关机，按要求上锁。

(3)三定。

①机电设备应做到定人操作，定人保养、检查。

②机电设备应做到定机管理、定期保养。

③机电设备应做到定岗位和岗位职责。

(4)四不准。

①机电设备不准带病运转。

②机电设备不准超负荷运转。

③机电设备不准在运转时维修保养。

④机电设备运行时，操作人员不准将头、手、身伸入运转的机械行程范围内。

### 10.“防止车辆伤害”的十项安全要求

(1)未经劳动、公安交通部门培训合格持证人员，不熟悉车辆性能者不得驾驶车辆。

(2)应坚持做好例保工作，车辆制动器、喇叭、转向系统、灯光等影响安全的部件如作用不良不准出车。

(3)严禁翻斗车、自卸车车厢乘人，严禁人货混装，车辆载货应不超载、超高、超宽，捆扎应牢固可靠、应防止车内物体失稳跌落伤人。

(4)乘坐车辆应坐在安全处，头、手、身不得露出车厢外，要避免车辆启动、制动时跌倒。

(5)车辆进出施工现场，在场内掉头、倒车，在狭窄场地行驶时应有专人指挥。

(6)现场行车进场要减速，并做到“四慢”，即：道路情况不明要慢，线路不良要慢，起步、会车、停车要慢，在狭路、桥梁弯路、坡路、叉道、行人拥挤地点及出入大门时要慢。

(7)在临近机动车道的作业区和脚手架等设施，以及在道路中的路障应加设安全色标、安全标志和防护措施，并要确保夜间有充足的照明。

(8)装卸车作业时，若车辆停在坡道上，应在车轮两侧用楔形木块加以固定。

(9)人员在场内机动车道应避免右侧行走，并做到不平排结队有碍交通；避让车辆时，应不避让于两车交会之中，不站于旁有堆物无法退让的死角。

(10)机动车辆不得牵引无制动装置的车辆，牵引物体时物体上不得有人，人不得进入正在牵引的物与车之间，坡道上牵引时，车和被牵引物下方不得有人作业和停留。

## 11."防止触电伤害"十项安全操作要求

根据安全用电"装得安全、拆得彻底、用得正确、修得及时"的基本要求，为防止触电伤害的操作要求有：

(1)非电工严禁拆接电气线路、插头、插座、电气设备、电灯等。

(2)使用电气设备前必须要检查线路、插头、插座、漏电保护装置是否完好。

(3)电气线路或机具发生故障时，应找电工处理，非电工不得自行修理或排除故障。

(4)使用振捣器等手持电动机械和其他电动机械从事湿作业时，要由电工接好电源，安装上漏电保护器，操作者必须穿戴好绝缘鞋、绝缘手套后再进行作业。

(5)搬迁或移动电气设备必须先切断电源。

(6)搬运钢筋、钢管及其他金属物时，严禁触碰到电线。

(7)禁止在电线上挂晒物料。

(8)禁止使用照明器烘烤、取暖，禁止擅自使用电炉和其他电加热器。

(9)在架空输电线路附近工作时，应停止输电，不能停电时，应有隔离措施，要保持安全距离，防止触碰。

(10)电线必须架空，不得在地面、施工楼面随意乱拖，若必须通过地面、楼面时应有过路保护，物料、车、人不准压踏碾磨电线。

## 12.施工现场防火安全规定

(1) 施工现场要有明显的防火宣传标志。

(2)施工现场必须设置临时消防车道。其宽度不得小于

3.5m，并保证临时消防车道的畅通，禁止在临时消防车道上堆物、堆料或挤占临时消防车道。

(3)施工现场必须配备消防器材，做到布局合理。要害部位应配备不少于4具的灭火器，要有明显的防火标志，并经常检查、维护、保养，保证灭火器材灵敏有效。

(4)施工现场消火栓应布局合理，消防干管直径不小于100mm，消火栓处昼夜要设有明显标志，配备足够的水龙带，周围3m内不准存放物品。地下消火栓必须符合防火规范。

(5)高度超过24m的建筑工程，应安装临时消防竖管。管径不得小于75mm，每层设消火栓口，配备足够的水龙带。消防水要保证足够的水源和水压，严禁消防竖管作为施工用水管线。消防泵房应使用非燃材料建造，位置设置合理，便于操作，并设专人管理，保证消防供水。消防泵的专用配电线路应引自施工现场总断路器的上端，要保证连续不间断供电。

(6)电焊工、气焊工从事电气设备安装的电、气焊切割作业，要有操作证和用火证。用火前，要对易燃、可燃物采取清除、隔离等措施，配备看火人员和灭火器具，作业后必须确认无火源隐患后方可离去。用火证当日有效。用火地点变换，要重新办理用火证手续。

(7)氧气瓶、乙炔瓶的工作间距不小于5m，两瓶与明火作业距离不小于10m。建筑工程内禁止氧气瓶、乙炔瓶存放，禁止使用液化石油气“钢瓶”。

(8)施工现场使用的电气设备必须符合防火要求。临时用电必须安装过载保护装置，电闸箱内不准使用易燃、可燃材料。严禁超负荷使用电气设备。

(9)施工材料的存放、使用应符合防火要求。库房应采用非燃材料支搭，易燃易爆物品应专库储存，分类单独存放，保持通风，用电符合防火规定。不准在工程内、库房内调配油漆、烯料。

（10）工程内部不准作为仓库使用，不准存放易燃、可燃材料，因施工需要进入工程内部的可燃材料，要根据工程计划限量进入并采取可靠的防火措施。废弃材料应及时消除。

（11）施工现场使用的安全网、密目式安全网、密目式防尘网、保温材料，必须符合消防安全规定，不得使用易燃、可燃材料。

（12）施工现场严禁吸烟，不得在建设工程内部设置宿舍。

（13）施工现场和生活区，未经有关部门批准不得使用电热器具。严禁工程中明火保温施工及宿舍内明火取暖。

（14）从事油漆粉刷或防水等危险作业时，要有具体的防火要求，必要时派专人看护。

（15）生活区的设置必须符合消防管理规定。严禁使用可燃材料搭设，宿舍内不得卧床吸烟，房间内住 20 人以上必须设置不少于 2 处的安全门，居住 100 人以上，要有消防安全通道及人员疏散预案。

（16）生活区的用电要符合防火规定。食堂使用的燃料必须符合使用规定，用火点和燃料不能在同一房间内，使用时要有专人管理，停火时将总开关关闭，经常检查有无泄漏。

## 七、现场施工安全生产管理制度

### 1. 安全生产责任制度

安全责任制度是建筑施工企业最基本的安全生产管理制度，是按照“安全第一、预防为主、综合治理”的安全生产方针和“管生产必须管安全”的原则，将企业各级负责人、各职能机构及其工作人员和各岗位作业人员在安全生产方面应做的工作及应负的责任加以明确规定的一种制度。安全生产责任制度是建筑施工企业所有安全规章制度的核心。

特种作业人员应当遵守安全生产规章制度，服从管理，坚守岗位，遵照操作规程操作，不违章作业，对本工作岗位的安全生产、文明施工负主要责任。特种作业人员安全生产责任制主要包括以下内容：

（1）认真贯彻、执行国家和省市有关建筑安全生产的方针、政策、法律法规、规章、标准规范和规范性文件。

（2）认真学习、掌握本岗位的安全操作技能，提高安全意识和自我保护能力。

（3）严格遵守本单位的各项安全生产规章制度。

（4）遵守劳动纪律，不违章作业，拒绝违章指挥。

（5）积极参加本班组的班前安全活动。

（6）严格按照操作规程和安全技术交底进行作业。

（7）正确使用安全防护用具、机械设备。

（8）发生生产安全事故后，保护好事故现场，并按照规定的程序及时如实报告。

### 2. 安全生产教育培训制度

施工单位应当建立健全安全生产教育培训制度。特种作业人员应严格执行安全生产教育培训制度，按规定接受下列培训教育：

（1）三级教育。

建筑施工企业对新进场工人进行的安全生产基本教育，包括公司级安全教育（第一级教育）、项目级安全教育（第二级教育）和班组级安全教育（第三级教育），俗称“三级教育”。新进场的特种作业人员必须接受“三级”安全教育培训，并经考核合格后，方能上岗。

①公司级安全教育，由公司安全教育部门实施，应包括以下主要内容：

a. 国家和地方有关安全生产方面的方针、政策及法律法规。

b. 建筑行业施工特点及施工安全生产的目的和重要意义。

c. 施工安全、职业健康和劳动保护的基本知识。

d. 建筑施工人员安全生产方面的权利和义务。

e. 本企业的施工生产特点及安全生产管理规章制度、劳动纪律。

②项目级安全教育，由工程项目部组织实施，应包括以下主要内容：

a. 施工现场安全生产和文明施工规章制度。

b. 工程概况、施工现场作业环境和施工安全特点。

c. 机械设备、电气安全及高处作业的安全基本知识。

d. 防火、防毒、防尘、防爆基本知识。

e. 常用劳动防护用品佩戴、使用的基本知识。

f. 危险源、重大危险源的辨识和安全防范措施。

g. 生产安全事故发生时自救、排险、抢救伤员、保护现场和及时报告等应急措施。

h. 紧急情况和重大事故应急预案。

③班组级安全教育，由班组长组织实施，应包括以下主要内容：

a. 本班组劳动纪律和安全生产、文明施工要求。

b. 本班组作业环境、作业特点和危险源。

c. 本工种安全技术操作规程及基本安全知识。

d. 本工种涉及的机械设备、电气设备及施工机具的正确使用和安全防护要求。

e. 采用新技术、新工艺、新设备、新材料施工的安全生产知识。

f. 本工种职业健康要求及劳动防护用品的主要功能、正确佩戴和使用方法。

g. 本班组施工过程中易发事故的自救、排险、抢救伤员、保护现场和及时报告等应急措施。

(2)年度安全教育培训。

特种作业人员应参加年度安全教育培训,培训时间不少于24学时。其教育培训情况记入个人工作档案。安全生产教育培训考核不合格的人员,不得上岗。

(3)经常性安全教育。

建筑施工企业应坚持开展经常性安全教育,经常性安全教育宜采用安全生产讲座、安全生产知识竞赛、广播、播放视频、文艺演出、简报、通报、黑板报等形式,在施工现场设置安全教育宣传栏、张挂安全生产宣传标语。特种作业人员应积极参加和接受经常性的安全教育。

(4)转场、转岗安全教育培训。

作业人员进入新的施工现场前,施工单位必须根据新的施工作业特点组织开展有针对性的安全生产教育,使作业人员熟悉新项目的安全生产规章制度,了解工程项目特点和安全生产应注意的事项。

作业人员进入新的岗位作业前,施工单位必须根据新岗位的作业特点组织开展有针对性的安全生产教育培训,使作业人员熟悉新岗位的安全操作规程和安全注意事项,掌握新岗位的安全操作技能。

(5)新技术、新工艺、新材料、新设备安全教育培训。

采用新技术、新工艺、新材料或者使用新设备的工程,施工单位应当充分了解与研究，掌握其安全技术特性，有针对性地采取有效的安全防护措施，并对作业人员进行教育培训。特种作业人员应接受相应的教育培训，掌握新技术、新工艺、新材料或者新设备的操作技能和施工防范知识。

(6)季节性安全教育。

季节性施工主要是指雨期与冬期施工。季节性安全教育是针对气候特点可能给施工安全带来危害而组织的安全教育，例如在高温、严寒、台风、雨雪等特殊气候条件下施工时，建筑施工企业应结合实际情况，对作业人员进行有针对性的安全教育。

(7)节假日安全教育。

节假日安全教育是针对节假日期间和前后，职工的工作情绪不稳定，思想不集中，注意力分散，为防止职工纪律松懈、思想麻痹等进行的安全教育。同时，对节日期间施工、消防、生活用电、交通、社会治安等方面应当注意的事项进行告知性教育。

### 3. 班前活动制度

施工班组在每天上岗前进行的安全活动，称为班前活动。建筑施工企业必须建立班前安全活动制度。施工班组应每天进行班前安全活动，填写班前安全活动记录表。班前安全活动由组长组织实施。班前安全活动应包括以下主要内容：

(1)前一天安全生产工作小结，包括施工作业中存在的安全问题和应吸取的教训。

(2)当天工作任务及安全生产要求，针对当天的作业内容和环节、危险部位和危险因素、作业环境和气候情况提出安全生产要求。

(3)班前的安全教育，包括项目和班组的安全生产动态、国家和地方的安全生产形势、近期安全生产事件及事故案例教育。

(4)岗前安全隐患检查及整改，具体检查机械、电气设备、防护设施、个人安全防护用品、作业人员的安全状态。

### 4. 安全专项施工方案编制和审批制度

所谓建筑工程安全专项施工方案，是指建筑施工过程中，施工单位在编制施工组织(总)设计的基础上，对危险性较大的分部分项工程，依据有关工程建设标准、规范和规程，单独编制的具有针对性的安全技术措施文件。

达到一定规模的危险性较大的分部分项工程以及涉及新技术、新工艺、新设备的工程，因其复杂性和危险性，在施工过程中易发生事故，导致重大人身伤亡或造成不良社会影响。

### 5. 安全技术交底制度

安全技术交底是指将预防和控制安全事故发生及减少其危害的安全技术措施以及工程项目、分部分项工程概况向作业班组、作业人员作出的说明。安全技术交底制度是施工单位预防违章指挥、违章作业和伤亡事故发生的一种有效措施。

(1)安全技术交底的程序和要求。

施工前，施工单位的技术人员应当将工程项目、分部分项工程概况以及安全技术措施要求向施工作业班组、作业人员进行安全施工交底，使其掌握各自岗位职责和安全操作方法。安全技术交底应符合下列要求：

①施工单位负责项目管理的技术人员向施工班组长、作业人员进行交底。

②交底必须具体、明确、针对性强。

③各工种的安全技术交底一般与分部分项安全技术交底同

步进行，对施工工艺复杂、施工难度较大或作业条件危险的，应当单独进行各工种的安全技术交底。

④交接底应当采用书面形式，交接底双方应当签字确认。

（2）安全技术交底的主要内容：

①工程项目和分部分项工程的概况。

②工程项目和分部分项工程的危险部位。

③针对危险部位采取的具体防范措施。

④作业中应注意的安全事项。

⑤作业人员应遵守的安全操作规程、工艺要点。

⑥作业人员发现事故隐患后应采取的措施。

⑦发生事故后采取的避险和急救措施。

## 八、班组长及工人安全职责

### 1. 班组长安全管理职责

（1）班组长安全生产责任。

①严格执行安全生产规章制度，拒绝违章指挥，杜绝违章作业。合理安排班组人员工作，对本班组人员在生产中的安全和健康负责。

②经常组织班组人员学习安全技术操作规程，监督班组人员正确使用防护用品。

③认真落实安全技术交底，做好班前讲话。

④经常检查班组作业现场安全生产状况，发现问题及时解决并上报有关领导。

⑤认真做好新工人的岗位教育。

⑥发生因工伤亡及未遂事故，保护好现场，立即上报有关领导。

(2)木工班长安全生产职责。

①严格执行安全生产规章制度,拒绝违章指挥,杜绝违章作业。

②负责落实安全生产保证计划中有关木工作业施工现场安全控制的规定。

③组织班组人员认真学习和执行木工作业施工现场安全控制的规定。

④安排生产任务时,认真进行安全技术交底。监督班组人员正确使用安全防护用品。

⑤上工前对所使用的机具、设备、防护用具及作业环境进行安全检查,发现问题立即采取整改措施,及时消除事故隐患。

⑥组织班组安全活动,开好班前安全生产会,并根据作业环境和职工的思想、体质、技术状况合理分配生产任务。

⑦木工间内备有的消防器材应定期检查,确保完好状态。严禁在工作场所吸烟和明火作业,不得存放易燃物品。

⑧工作场所的木材应分类堆放整齐,保证道路畅通。

⑨高空作业时,对材料堆放应稳妥可靠,严禁向下抛掷工具或物件。

⑩木材加工处的废料和木屑等应及时清理。

⑪发生工伤事故,应立即抢救,及时报告,并保护好现场。

(3)瓦工班长安全生产职责。

①严格执行安全生产规章制度,拒绝违章指挥,杜绝违章作业。

②负责落实安全生产保证计划中有关瓦工作业施工现场的安全控制规定。

③、④、⑤、⑥同木工班长安全生产职责,不再赘述。

⑦经常检查工作岗位环境及脚手架、脚手板、工具使用情

况，做到文明施工，不准擅自拆移防范设施。

(4)电焊班长安全生产责任。

①严格执行安全生产规章制度，拒绝违章指挥，杜绝违章作业。

②负责落实安全保证计划中电焊安全动火作业控制的规定。

③、④、⑤、⑥同木工班长安全生产职责。

⑦同木工班长安全生产职责⑪。

(5)电工班长安全生产职责。

①严格执行安全生产规章制度，拒绝违章指挥，杜绝违章作业。

②负责落实安全保证计划中电工作业施工现场安全用电控制的规定。

③、④、⑤、⑥同木工班长安全生产职责。

⑦使用设备前必须检查设备各部位的性能后方可通电使用。

⑧停用的设备必须拉闸断电，锁好开关箱。

⑨严禁带电作业，设备严禁带病运行。

⑩保证电气设备、移动电动工具临时用电正常运行和安全使用。

⑪发生触电工作事故，应立即抢救，及时报告，并保护好现场。

(6)钢筋工班长安全生产责任。

①严格执行安全生产规章制度，拒绝违章指挥，杜绝违章作业。

②负责落实安全生产保证计划中有关钢筋班组施工现场安全控制的规定。

③、④、⑤、⑥同木工班长安全生产职责。

⑦钢筋搬运、加工和绑扎过程中发生脆断和其他异常情况时，应立刻停止作业，向有关部门汇报。

⑧同木工班长安全生产职责⑪。

(7)架子工班长安全生产责任。

①严格执行安全生产规章制度，拒绝违章指挥，杜绝违章作业。

②负责落实安全生产保证计划中脚手架防护搭设控制的规定。

③、④、⑤、⑥同木工班长安全生产职责。

⑦脚手架的维修保养应每三个月进行一次，遇大风大雨应事先认真检查，必要时采取加固措施脚手架搭设完毕，架子工应通知安全部门会同有相关人员共同验收，合格后方可使用。

⑧拆除架子必须设置警戒范围，输送至地面的杆件应及时分类堆放整齐。

⑨同木工班长安全生产职责⑪。

(8)安装班长安全生产责任。

①严格执行安全生产规章制度，拒绝违章指挥，杜绝违章作业。

②负责落实安全生产保证计划中安装班组施工现场安全控制的规定。

③、④、⑤、⑥同木工班长安全生产职责。

⑦同木工班长安全生产职责⑪。

(9)机械作业班长安全生产责任。

①严格执行安全生产规章制度，拒绝违章指挥，杜绝违章作业。

②负责落实安全生产保证计划中机械作业班组施工现场安

全控制的规定。

③、④、⑤、⑥同木工班长安全生产职责。

⑦机械作业时，操作人员不得擅自离开工作岗位或将机械交给非本机操作人员操作。严禁无关人员进入作业区和操作室内。

⑧作业后，切断电源，锁好闸箱，进行擦拭、润滑，清除杂物。

⑨同木工班长安全生产职责⑪。

## 2. 特殊工种安全生产责任

(1)起重工安全生产责任。

①严格执行安全生产规章制度，拒绝违章指挥，杜绝违章作业。

②认真学习和执行安全技术操作规程，熟知安全知识。

③坚持上班自检制度。

④严格执行安全技术施工方案和安全技术交底，不得任意变更、拆除安全防护设施，不得动用与班组无关的机械和电器设备，加强自我防护意识。

⑤上班前不准饮酒，不准疲劳作业，严禁无证人员替代工作。

⑥交接班时要记录认真，内容要明确详细。

⑦在工作时要时刻检查各部门运转传动情况及钢丝绳的使用情况。

⑧机械的电器设备严格管理，发现问题及时解决。

⑨起重臂下严禁站人，在吊装过程中应严格听从指挥人员的指挥。必须坚持“十不吊”原则。

(2)电工安全生产责任。

①、②、③、④同起重工安全生产责任。

⑤电工所有绝缘工具应妥善保管好，严禁他用，并经常检查自己的工具是否绝缘性能良好。

⑥在班前必须检查公司所有电器，发现问题及时解决。经常检查施工现场的线路设备，各配电箱必须上锁。

⑦实行文明施工，高空作业应带工具袋，工具不准上下抛掷。

⑧正确使用安全防护用品。

⑨对各级检查提出的安全隐患，要按要求及时整改。

⑩发生事故和未遂事故，立即向班组长报告，参与事故分析原因，吸取教训。

(3)架子工安全生产责任。

①、②、③、④同起重工安全生产责任。

⑤用电线路防护架体搭设时必须停电。严禁带电搭设。

⑥坚决制止私自拆装脚手架和各种防护设施行为。

⑦实行文明施工，不得从高处向地面抛掷钢管及其他料具，对所使用的材料要按规定堆放整齐。

⑧进入施工现场严禁赤脚，穿拖鞋、高跟鞋及酒后作业。

⑨要正确使用安全防护用品。

⑩对各级检查提出的安全隐患，要按要求及时整改。

⑪同电工安全生产责任⑩。

(4)电气焊工安全生产责任。

①、②、③、④同起重工安全生产责任。

⑤正确使用安全防护用品。

⑥对各级检查提出的隐患，要按要求及时整改。

⑦同电工安全生产责任⑩。

### 3. 一般工种安全生产责任

(1)钢筋工安全生产责任。

①严格执行安全生产规章制度,拒绝违章指挥,杜绝违章作业。

②认真学习和执行安全技术操作规程,熟知安全知识。

③坚持上班自检制度。

④严格执行安全技术施工方案和安全技术交底,不得任意变更、拆除安全防护设施,不得动用与班组无关的机械和电器设备,加强自我防护意识。

⑤正确使用安全防护用品。

⑥高空作业必须搭设脚手架,绑扎高层建筑物的圈梁要搭设安全网。

⑦调直机上下不能堆放物料,手与滚筒应保持一定的距离。

⑧对各级检查提出的安全隐患,要按要求及时整改。

⑨实行文明施工,不得从高处往地面抛掷物品。

⑩发生事故和未遂事故,立即向班组长报告,参与事故分析原因,吸取教训。

(2)木工安全生产责任。

①、②、③、④、⑤同钢筋工安全生产责任。

⑥木工车间每日要保持干净,车间内严禁吸烟。

⑦上班前要保持所有电器完好无损,电线要架设合理。

⑧机械设备要有防护措施,保证机械正常运转。

⑨使用电锯前,应检查锯片,不得有裂纹。丝钉要拧紧,要有防护罩,操作时手臂不得跨越锯片。

⑩使用压刨机时,身体要保持平稳,双手操作,严禁在刨料后推送,不得戴手套操作。

⑪工作前应事先检查所使用的工具是否牢固。

⑫对各级检查提出的安全隐患，要按要求及时整改。

⑬实行文明施工，不得从高处往地面抛掷物品。

⑭同钢筋工安全生产责任⑩。

(3)混凝土工安全生产责任。

①、②、③、④、⑤同钢筋工安全生产责任。

⑥混凝土工施工的各种用电机械必须与 PE 保护线做可靠连接。

⑦夜间施工照明灯具应齐全有效，行走运输信号要明显。

⑧吊斗运料严禁冒高，以防坠落伤人。

⑨采用井架上料时，井架及马道两边的防护要稳固可靠。

⑩各种机械设备必须专人操作，并且懂得机械原理与维修。

⑪对各级检查提出的安全隐患，要按要求及时整改。

(4)瓦工、抹灰工安全生产责任。

①、②、③、④、⑤同钢筋工安全生产责任。

⑥对各级检查提出的安全隐患，要按要求及时整改。

⑦进行文明施工，不得从高处往地面抛掷建筑垃圾和物品，并随时清理砖、瓦、砂石等。

⑧同钢筋工安全生产责任⑩。

⑨外墙抹灰应检查各道安全网和防护栏杆是否安全有效，要防止物料腐蚀。

(5)油漆工、玻璃安装工安全生产责任。

①、②同钢筋工安全生产责任。

③对各类油漆、易燃易爆品应存放在专用库房，不允许与其他材料混堆，对挥发性油料必须存于密闭容器内，必须设专人保管。

④油漆库房应有良好的通风，并有足够的消防器材，悬挂醒

目的“严禁烟火”的标志，库房与其他建筑物应保持一定的距离，严禁住人。通风不良处刷油漆时，应有通风换气设施。

⑤搬运玻璃时，应带防护手套，安装窗扇玻璃时，应系好安全带，并不得在同一垂直面上下同时作业，工作场所的碎玻璃要及时清理，以免刺伤、割伤。

⑥对各级检查提出的安全隐患要及时整改，不符合要求的不得施工。

(6)管道安装工安全生产责任。

①、②、③、④、⑤同钢筋工安全生产责任。

⑥管子变弯时要用干砂，加垫时管口不得站人。打眼时，楼板下及墙对面严禁站人。压力表要定期检校，发现不灵敏要及时更换。

⑦对各级检查提出的安全隐患，要按要求及时整改。

⑧同钢筋工安全生产责任⑩。

(7)机械维修工安全生产责任。

①、②、③、④、⑤同钢筋工安全生产责任。

⑥修理机械要选择平坦坚实的地点停放，支撑牢固和楔紧；使用千斤顶时，必须垫稳，不准在发动的车辆下面操作。

⑦检修有毒、易燃物的容器或设备时，应先严格清洗。在容器内操作，必须通风良好，外面有人监护。

⑧工作时注意工具应经常检查，是否损坏。打大锤时不准戴手套，在大锤甩转方向上不准有人。

⑨检修中的机械应有“正在修理，禁止开动”的标志警示，非检修人员一律不准发动或转动，修理中不准将手伸进齿轮箱或用手指找正对孔。

⑩清洗用油、润滑油及废油脂，必须按指定地点存放。费油、废棉纱不准随地乱扔。

⑪电气设备要先切断电源，并锁好开关箱。悬挂“有人检修，禁止合闸”的警示牌，并派专人监护，方可修理。

⑫多人操作的工作平台，中间应设防护网，对面方向操作时应错开。

⑬积极参加安全竞赛和安全活动，接受安全教育，做好设备的维修保养工作。

⑭对各级检查提出的安全隐患，要按要求及时整改。

(8)仓库管理员安全生产责任。

①凡进库货物必须进行验收，核实后做好造册登记。

②认真负责搞好仓库内部材料、设备及小工具的发放工作，并应做好登记。

③工程需要的材料库存不足时，应提早备足，不至于影响正常施工。

④仓库内应保持整洁、货物堆放整齐、货架堆放的物品应挂牌明示，以便迅速无误地发放。

⑤严禁非仓库管理人员入内，严禁烟火。

⑥不得私自离岗。有事外出，应委托他人临时看守。

⑦做好收、管工作，签好每一张单据，严格把关砂石料的计量及质量。

⑧定期检查仓库消防器材的完好情况，在规定的禁火区域内严格执行动火审批手续。

# 第2部分　建筑施工从业安全教育培训

## 一、建筑工人安全培训

### 1. 建筑工人安全教育培训相关规定

(1)各省、自治区、直辖市建设厅(建委),根据企业职工情况,分别规定安全教育时间和要求。

(2)建筑施工企业对新进场工人和调换工种的职工,必须按规定进行安全教育和技术培训,经考核合格,发给证书方准上岗。

(3)采用新技术、新工艺、新设备施工和调换工作岗位时,要对操作人员进行新技术操作和新岗位的安全教育,未经教育不得上岗操作。

(4)要定期培训企业各级领导干部和安全干部,其中施工队长,工长(施工员)、班组长是安全教育的重点。

(5)电工、焊工、架子工、司炉工、爆破工、机械操作工及起重工、打桩机和各种机动车辆司机等特殊工人除进行一般安全教育外,还要经过本工种的安全技术教育,经考核合格发证后,方准独立操作;每年还要进行一次复审。对从事有尘毒危害作业的工人,要进行尘毒危害和防治知识教育。

### 2. 新工人三级安全教育

新进公司职工(包括新调入人员、实习生、代培人员等)及新入场工人必须进行三级安全教育，并经考试合格后方可上岗。

(1)一级(公司级)安全教育时间应不少于15学时，其教育内容包括：

①职业安全卫生有关知识。

②国家有关安全生产法令、法规和规定。

③本公司和同类型企业的典型事故及教训。

④本公司的性质、生产特点及安全生产规章制度。

⑤安全生产基本知识、消防知识及个体防护常识。

(2)二级(项目级)安全教育时间应不少于15学时，其教育内容包括：

①本单位概况，施工生产或工作特点，主要设施、设备的危险源和相应的安全措施和注意事项。

②本单位安全生产实施细则及安全技术操作规程。

③安全设施、工具、个人防护用品、急救器材、消防器材的性能和使用方法等。

④以往的事故教训。

(3)三级(班组级)安全教育时间应不少于20学时，由班长或班组安全员负责教育，可采取理论了解和实际操作相结合的方式进行，新工人经班组安全教育考核合格后，方可指定师傅带领进行工作或学习。其教育内容包括：

①本岗位(工种)安全操作规程。

②发现紧急情况时的急救措施及报告方法。

③本岗位(工种)的施工生产程序及工作特点和安全注意事项。

④本岗位(工种)设备、工具的性能和安全装置、安全设施、安全监测、监控仪器的作用，防护用品的使用和保管方法。

三级安全教育、考试、考核情况，要逐级填写在三级安全教育卡片上，建立安全教育档案。三级安全教育完毕，经公司安全管理部门审核后,方可准许发放劳动保护用品和本工种所享受的劳保待遇。未经三级安全教育或考试不合格,不得分配工作,否则由此而发生的事故由分配及接受其工作的单位领导负责。

### 3. 特种作业人员安全培训

(1)指从事对操作者本人,尤其对他人和周围设施的安全有重大危害因素的作业者通称为特种作业人员,如起重工、电焊工、架子工、司机等。

(2)特种作业人员必须具备的基本条件如下:

①年满十八周岁。

②初中以上文化程度。

③工作认真负责,遵章守纪。

④身体健康,无妨碍从事本工种作业的疾病和生理缺陷。

⑤按上岗要求的技术业务理论考核和实际操作技能考核成绩合格。

(3)考核与发证。

①经考核成绩合格者,发给"特种作业人员操作证";不合格者,允许补考一次。补考仍不合格者,应重新培训。

②考核与发证工作,由特种作业人员所在单位负责组织申报,地、市级劳动行政主管部门负责实施。

③离开特种作业岗位一年以上的特种作业人员,需重新进行安全技术考核,合格者方可从事原作业。

④考核内容严格按照《特种作业人员安全技术培训考核大纲》进行。考核包括安全技术理论考试与实际操作技能考核,以实际操作技能考核为主。

(4)复审及其他。

①劳动行政主管部门及特种作业人员所在单位,均需建立

特种作业人员的管理档案。

②取得“特种作业人员操作证”者，每两年进行一次复审。未按期复审或复审不合格者，其操作证自行失效。复审由特种作业人员所在单位提出申请，由发证部门负责审验。

③项目部将已培训合格的特种作业人员登记造册，并报公司。特种作业和机械操作人员的安全培训，由分公司企管部负责。参加专业性安全技术教育和培训，经考核合格取得市级以上劳动行政主管部门颁发的“特种作业操作证后”，方可独立上岗作业。

### 4. 外包单位及外来人员安全教育

(1)外包人员入场作业前必须接受入场安全教育，并经考核合格后方可入场使用。安全教育内容主要包括本单位施工生产特点、入场须知，所从事工作的性质、注意事项和事故教训等。

(2)对外包单位的安全教育，由使用单位安全部门负责，受教育时间不得少于 8 学时，并在工作中指定专人负责管理和检查。

(3)对外借人员的安全教育，由用工单位负责，经考核后，方能允许进入现场施工。

(4)对进入施工现场参观人员的安全教育，项目负责人负责；其教育内容为有关项目的安全规定及安全注意事项，并安排专人陪同。

## 二、日常安全教育及记录

### 1. 经常性安全生产宣传教育

经常性安全生产教育可采用安全活动日、班前班后会、各种安全会议、安全技术交底、广播、黑板报、标语、简报、电视、播放录像等形式，结合公司生产、施工任务开展安全生产经常性教育。

(1)经常性安全生产宣传内容。

①宣传安全生产经验，树立搞好安全生产的信心，克服“事故难免论”。

②宣传“安全生产，人人有责”，动员全体职工人人重视、人人动手安全生产和文明施工。

③宣传党和政府十分重视劳动保护工作，体现党和政府对劳动者的无限关怀，激发职工的工作积极性。

④宣传安全生产在政治上和经济上的重大意义，使每个职工能时刻重视安全生产工作，牢固树立“安全第一”的思想。

⑤教育职工克服麻痹思想，克服安全生产工作“重视主体工程，忽视收尾工程”，“重视高大危险工程，忽视一般工程”的错误倾向。

⑥宣传“生产必须安全，安全为了生产”的关系，使职工懂得不重视安全生产，会给企业、劳动者本人以及社会、家庭带来损失与不幸。

⑦教育职工尊重科学，按客观规律办事，不违章指挥，不违章作业，使职工认识到安全生产规章制度是长期实践经验的总结，有的为此付出了血的代价，要自觉地学习规程，执行规程。

(2)经常性安全教育知识内容。

①安全标准、制度等知识。

②经常性安全教育的主要内容。

③防触电和触电后急救知识。

④防尘、防毒、防电光伤眼等基本知识。

⑤安全法制知识教育，增强安全法制观念，严格按章办事，领导不违章指挥，工人不违章作业。

⑥脚手架、吊篮安全使用知识，如不准随意拆除架子或吊篮的任何杆件和部件。

⑦防止起重伤害事故基本知识，如严格安全纪律，不准随意开动起重机械，不准随意乘坐起重装置升降，不准乘坐井架、龙门架、吊笼等。

(3)经常性安全生产宣传教育的形式。

经常性安全生产宣传教育的形式多种多样，应贯彻及时性、严肃性、真实性，做到简明、醒目，避免恐怖形象。既要有批评，也要有表扬，不仅要指出什么是错误的，同时也应指出怎样才是正确的。具体形式有：

①举办事故分析会。

②举办安全保护广播。

③举办安全保护展览。

④举办劳动保护讲座。

⑤举办安全生产训练班。

⑥举办安全保护报告会。

⑦建立安全保护教育室。

⑧举办安全保护文艺演出。

⑨放映安全保护幻灯或电影。

⑩书写安全标志和标语口号。

⑪办安全保护黑板报、宣传栏。

⑫印发安全保护简报、通报等。

⑬张贴悬挂安全保护挂图或宣传画。

⑭组织家属做职工安全生产思想工作。

⑮施工现场入口处的安全纪律标牌。

## 2. 季节性安全教育及节假日特殊安全教育

(1)由项目部结合季节特征,凡是自然条件变化,如大风、大雪、暴雨、冰冻或雷雨季节,应抓住气候变化特点,进行安全教育。

(2)节假日特殊教育。节假日前后,人员容易疏忽而放松安全生产,应抓住主要环节,进行安全教育。

①集体宿舍内严禁使用电加热器,严禁使用明火与电炉。

②节假日期间,如果动用明火,要严格按照动火升级审批制度进行审批。

③工地加班加点,要思想集中,遵守安全纪律,严格做好交接班工作,严禁酒后作业。

④节假日期间不使用的机械设备及电气设备,应切断电源、拔掉保险丝、电箱上锁;移动电具、危险物品应妥善保管。

⑤节后开工前,应认真组织对周围环境、机具设备机动车辆、现场设施进行检查,确认正常方可施工,并相应做好记录。

⑥对节假日期间必须使用的机械设备、机动车辆、现场设施、防火器材等,应组织专业人员,进行一次技术状况的检查,确认良好才能使用。

## 3. 其他形式的安全教育

(1)新工艺、新技术、新设备、新品种投产使用前,各主管部门要写出新的安全操作规程,对岗位和有关人员进行安全教育,经考试合格后,方可从事新岗位工作。

(2)对严重违章违纪的职工,由所在单位安全部门进行单独再教育,经考察认定后,再回岗工作。

(3)对脱离操作岗位(如产假、病假、学习、外借等)六个月以上重返岗位操作者，应进行岗位复工教育。

(4)参加特殊区域、高危场所作业（如附着脚架、塔吊、升降机、高支撑模板等）的人员，在作业前，必须进行有针对性的安全教育。

(5)职工在公司内调动工作岗位变动工种（岗位）时，接受单位应对其实行二级、三级安全教育，经考试合格后，方可从事新岗位工作。

### 4. 安全教育记录

项目经理部对新入场、转场及变换工种的施工人员必须进行安全教育，经考试合格后方可上岗作业；同时应对施工人员每年至少进行两次安全生产培训，并对被教育人员、教育内容、教育时间等基本情况进行记录，见表 2-1。

表 2-1　作业人员安全教育记录表

<table>
<tr><td colspan="4">作业人员安全教育记录表</td><td>编号</td><td></td></tr>
<tr><td>工程名称</td><td colspan="2"></td><td>主讲人</td><td colspan="2"></td></tr>
<tr><td>教育主题</td><td colspan="2"></td><td>培训对象</td><td colspan="2"></td></tr>
<tr><td>培训时间</td><td></td><td>培训地点</td><td></td><td>培训人数</td><td></td></tr>
<tr><td>培训部门</td><td></td><td>培训学时</td><td></td><td>记录整理人</td><td></td></tr>
<tr><td colspan="6">培训内容：</td></tr>
<tr><td colspan="6">接受培训人员签名：</td></tr>
</table>

## 三、现场施工安全活动与记录

### 1. 日常安全会议

(1)公司安全例会每季度召开一次,由公司质安部主持,公司安全主管经理、有关科室负责人、项目经理、分公司经理及其职能部门(岗位)安全负责人参加,总结一季度的安全生产情况,分析存在的问题,对下季度的安全工作重点作出布置。

(2)公司每年末召开一次安全工作会议,总结一年来安全生产上取得的成绩和存在的不足,对本年度的安全生产先进集体和个人进行表彰,并布置下一年度的安全工作任务。

(3)各项目部每月召开安全例会,由其安全部门(岗位)主持,安全分管领导、有关部门(岗位)负责人及外包单位负责人参加。传达上级安全生产文件、信息;对上月安全工作进行总结,提出存在问题;对当月安全工作重点进行布置,提出相应的预防措施。推广施工中的典型经验和先进事迹,以施工中发生的事故教育班组干部和施工人员,从中吸取教训。由安全部门做好会议记录。

(4)各项目部必须开展以项目全体、职能岗位、班组为单位的每周安全日活动,每次时间不得少于 2h,不得挪作他用。

(5)各班组在班前会上要进行安全讲话,预想当前不安全因素,分析班组安全情况,研究布置措施。做到“三交一清”(即交施工任务、交施工环境、交安全措施和清楚本班职工的思想及身体情况)。

(6)班前安全讲话和每周安全活动日的活动要做到有领导、有计划、有内容、有记录,防止走过场。

(7)工人必须参加每周的安全活动日活动,各级领导及部门有关人员须定期参加基层班组的安全日活动，及时了解安全生产中存在的问题。

### 2. 每周的安全日活动内容

（1）检查安全规章制度执行情况和消除事故隐患。

（2）结合本单位安全生产情况，积极提出安全合理化建议。

（3）学习安全生产文件、通报，安全规程及安全技术知识。

（4）开展反事故演习和岗位练兵，组织各类安全技术表演。

（5）针对本单位安全生产中存在的问题，展开安全技术座谈和攻关。

（6）讲座分析典型事故，总结经验、吸取教训，找出事故原因，制订预防措施。

（7）总结上周安全生产情况，布置本周安全生产要求，表扬安全生产中的好人好事。

（8）参加公司和本单位组织的各项安全活动。

### 3. 班前安全活动

班前安全活动是班组安全管理的一个重要环节，是提高班组安全意识，做到遵章守纪，实现安全生产的途径。建筑工程安全生产管理过程中必须做好此项活动。

（1）每个班组每天上班前 15min，由班长认真组织全班人员进行安全活动，总结前一天安全施工情况，结合当天任务，进行分部分项的安全交底，并做好交底记录。

（2）对班前使用的机械设备、施工机具、安全防护用品、设施、周围环境等要认真进行检查，确认安全完好，才能使用和进行作业。

（3）对新工艺、新技术、新设备或特殊部位的施工，应组织作业人员对安全技术操作规程及有关资料的学习。

（4）班组长每月 25 日前要将上个月安全活动记录交给安全员，安全员检查登记并提出改进意见之后交资料员保管。

### 4. 班前讲话记录

各作业班组长于每班工作开始前必须对本班组全体作业人员进行班前安全活动交底，其内容应包括：本班组安全生产须知和个人应承担的责任，以及本班组作业中的危险点和相应的安全措施等，见表 2-2。

表 2-2　班组班前讲话记录表

<table>
<tr><td colspan="3">班组班前讲话记录表</td><td>编号</td><td></td></tr>
<tr><td colspan="2">工程名称</td><td></td><td>施工单位</td><td></td></tr>
<tr><td colspan="2">作业部位</td><td></td><td>作业内容</td><td></td></tr>
<tr><td colspan="2">作业班组</td><td></td><td>作业人数</td><td></td></tr>
<tr><td colspan="2">日　　期</td><td></td><td>天气情况</td><td></td></tr>
<tr><td>班前讲话内容</td><td colspan="4"></td></tr>
<tr><td>参加活动的人员名单</td><td colspan="4"></td></tr>
</table>

## 四、安全应急的培训、演练和宣传教育

### 1. 培训

省市建筑工程事故应急指挥部办公室应组织开展对本预案及相关知识的培训，指导预案相关人员更好地理解预案和使用预案，进一步增强预案涉及单位及人员预防和处置建设工程施工突发事故的能力。各区县政府应全面组织本辖区相关单位和在建工程参建单位人员，开展对本预案及应急知识的培训，丰富一线施工人员业务知识，提高建设工程突发事故的协调处置能力。

### 2. 演练

(1)省市建筑工程事故应急指挥部办公室应根据本市应急演练管理有关要求，适时组织开展不同形式的建设工程施工突发事故应急演练。通过演练，进一步检验预案，磨合指挥协调机制，熟练各单位间的协调配合，确保发生建设工程施工突发事故后能快速有效处置。

(2)各区县政府应组织本辖区在建工程参建单位开展建设工程施工突发事故应急演练，切实提高应急救援能力。各施工企业应当根据自身情况，定期组织应急演练，演练结束后应及时进行总结。省市建筑工程事故应急指挥部办公室将对演练工作进行指导和检查。

### 3. 宣传教育

省市、区县建设行政主管部门应充分利用新闻媒体、网站、单位内部刊物等多种形式，对建筑业从业人员广泛开展建设工

程施工突发事故应急相关知识的宣传和教育。

## 五、消防安全教育培训

(1)施工单位应开展下列消防安全教育工作:

①施工单位应定期开展形式多样的消防安全宣传教育。

②建设工程施工前应对施工人员进行消防安全教育。

③在建设工地醒目位置、施工人员集中住宿场所设置消防安全宣传栏,悬挂消防安全挂图和消防安全警示标识;对新上岗和进入新岗位的职工(施工人员)进行上岗前消防安全培训。

④对在岗的职工(施工人员)至少每年进行一次消防安全培训。

⑤施工单位至少每半年组织一次灭火和应急疏散演练。

⑥对明火作业人员进行经常性的消防安全教育。

(2)总承包单位要组织分包单位管理人员、保安、成品保护人员以及施工人员等进行全员消防安全教育培训,教育培训应当包括:

①有关消防法规、消防安全制度和保障消防安全的操作规程。

②本岗位的火灾危险性和防火措施。

③有关消防设施的性能、灭火器材的使用方法。

④报火警、扑救初起火灾以及自救逃生的知识和技能。

(3)施工单位应落实电焊、气焊、电工等特殊工种作业人员持证上岗制度,电焊、气焊等危险作业前,应对作业人员进行消防安全教育,强化消防安全意识,落实危险作业施工安全措施。

(4)通过消防宣传进企业,职工要做到"三知三会",即知道本岗位的火灾危险性、知道消防安全措施、知道灭火方法;会正确报火警、会扑救初起火灾、会组织疏散人员。

# 第3部分　现场施工安全知识要点

## 一、高处作业的基本规定

（1）高处作业的安全技术措施及其所需料具，必须列入工程的施工组织设计。

（2）单位工程施工负责人应对工程的高处作业安全技术负责并建立相应的责任制。施工前，应逐级进行安全技术教育及交底，落实所有安全技术措施和人身防护用品，未经落实时不得进行施工。

（3）高处作业中的安全标志、工具、仪表、电气设施和各种设备，必须在施工前加以检查，确认其完好，方能投入使用。

（4）攀登和悬空高处作业人员以及搭设高处作业安全设施的人员，必须经过专业技术培训及专业考试合格，持证上岗，并必须定期进行体格检查。

（5）施工中对高处作业的安全技术设施，发现有缺陷和隐患时，必须及时解决；危及人身安全时，必须停止作业。

（6）施工作业场所有坠落可能的物件，应一律先行撤除或加以固定。高处作业中所用的物料，均应堆放平稳，不妨碍通行和装卸。工具应随手放入工具袋；作业中的走道、通道板和登高用具，应随时清扫干净；拆卸下的物件及余料和废料均应及时清理运走，不得任意乱置或向下丢弃。传递物件禁止抛掷。

（7）雨天和雪天进行高处作业时，必须采取可靠的防滑、防寒和防冻措施。凡水、冰、霜、雪均应及时清除。对进行高处作业的高耸建筑物，应事先设置避雷设施。遇有六级以上强风、浓雾等恶劣天气，不得进行露天攀登与悬空高处作业。暴风雪及台风暴雨后，应对高处作业安全设施逐一加以检查，发现有松动、变形、损坏或脱落等现象，应立即修理完善。

(8)因作业必需，临时拆除或变动安全防护设施时，必须经施工负责人同意，并采取相应的可靠措施，作业后应立即恢复。

(9)防护棚搭设与拆除时，应设警戒区，并应派专人监护。严禁上下同时拆除。

(10)高处作业安全设施的主要受力杆件，力学计算按一般结构力学公式，强度及挠度计算按现行有关规范进行，但刚性受弯构件的强度计算不考虑塑性影响，构造上应符合现行相应规范的要求。

## 二、临边作业的安全

(1)对临边高处作业，必须设置防护措施，并符合下列规定：

①基坑周边，尚未安装栏杆或栏板的阳台、料台与挑平台周边雨篷及挑檐边，无外脚手架的屋面与楼层周边及水箱与水塔周边等处，都必须设置防护栏杆。

②头层墙高度超过 3.2m 的二层楼面周边，以及无外脚手架的高度超过 3.2m 的楼层周边，必须在外围架设安全平网一道。

③分层施工的楼梯口和梯段边，必须安装临时护栏。顶层楼梯口应随工程结构进度安装正式防护栏杆。

④井架与施工用电梯和脚手架等及建筑物通道的两侧边，必须设防护栏杆。地面通道上部应装设安全防护棚。双笼井架通道中间，应予分隔封闭。

⑤各种垂直运输接料平台，除两侧设防护栏杆外，平台口还

应设置安全门或活动防护栏杆。

(2)临边防护栏杆杆件的规格及连接要求，应符合下列规定：

①毛竹横杆小头有效直径不应小于 70mm，栏杆柱小头直径不应小于 80mm，并须用不小于 16 号的镀锌钢丝绑扎，不应少于 3 圈，并无懈滑。

②原木横杆上杆梢径不应小于 70mm，下杆梢径不应小于 60mm，栏杆柱梢径不应小于 75mm，并须用相应长度的圆钉钉紧，或用不小于 12 号的镀锌钢丝绑扎，要求表面平顺和稳固无动摇。

③钢筋横杆上杆直径不应小于 16mm，下杆直径不应小于 14mm，栏杆柱直径不应小于 18mm，采用电焊或镀锌钢丝绑扎固定。

④钢管横杆及栏杆柱均采用 $\phi 48\times(2.75\sim3.5)$mm 的管材，以扣件或电焊固定。

⑤以其他钢材如角钢等作防护栏杆杆件时，应选用强度相当的规格，以电焊固定。

(3)搭设临边防护栏杆时，必须符合下列要求：

①防护栏杆应由上下两道横杆及栏杆柱组成，上杆离地高度为 1.0～1.2m，下杆离地高度为 0.5～0.6m。坡度大于1∶22 的屋面，防护栏杆应高 1.5m，并加挂安全立网。除经设计计算外，横杆长度大于 2m 时，必须加设栏杆柱。

②栏杆柱的固定应符合下列要求：

a. 当在基坑四周固定时，可采用钢管并打入地面 50～70cm 深。钢管离边口的距离，不应小于 50cm。当基坑周边采用板桩时，钢管可打在板桩外侧。

b. 当在混凝土楼面、屋面或墙面固定时，可用预埋件与钢管或钢筋焊牢。采用竹、木栏杆时，可在预埋件上焊接30cm长的∟50×5角钢，其上下各钻一孔，然后用10mm螺栓与竹、木杆件拴牢。

c. 当在砖或砌块等砌体上固定时，可预先砌入规格相适应的80×6弯转扁钢作预埋铁的混凝土块，然后用上项方法固定。

③栏杆柱的固定及其与横杆的连接，其整体构造应使防护栏杆在上杆任何处均能经受任何方向的1000N外力。当栏杆所处位置有发生人群拥挤、车辆冲击或物件碰撞等可能时，应加大横杆截面或加密柱距。

④防护栏杆必须自上而下用安全立网封闭，或在栏杆下边设置严密固定的高度不低于18cm的挡脚板或40cm的挡脚笆。挡脚板与挡脚笆上如有孔眼，不应大于25mm。板与笆下边距离底面的空隙不应大于10mm；接料平台两侧的栏杆必须自上而下加挂安全立网或满扎竹笆。

⑤当临边的外侧面临街道时，除防护栏杆外，敞口立面必须采取挂满安全网或其他可靠措施做全封闭处理。

## 三、洞口作业的安全

(1)进行洞口作业以及在因工程和工序需要而产生的，使人与物有坠落危险或危及人身安全的其他洞口进行高处作业时，必须按下列规定设置防护设施：

①板与墙的洞口，必须设置牢固的盖板、防护栏杆、安全网或其他防坠落的防护设施。

②电梯井口必须设防护栏杆或固定栅门；电梯井内应每隔两层并最多隔10m设一道安全网。

③钢管桩、钻孔桩等桩孔上口，杯形、条形基础上口，未填土的坑槽，以及人孔、天窗、地板门等处，均应按洞口防护设置稳固

的盖件。

④施工现场通道附近的各类洞口与坑槽等处，除设置防护设施与安全标志外，夜间还应设红灯示警。

(2)洞口根据具体情况采取设防护栏杆、加盖件、张挂安全网与装栅门等措施时，必须符合下列要求：

①楼板、屋面和平台等面上短边尺寸小于25cm但大于2.5cm的孔口，必须用坚实的盖板盖住。盖板应能防止挪动移位。

②楼板面等处边长为25～50cm的洞口、安装预制构件时的洞口以及缺件临时形成的洞口，可用竹、木等作盖板，盖住洞口。盖板须能保持周围搁置均衡，并有固定其位置的措施。

③边长为50～150cm的洞口，必须设置以扣件扣接钢管而成的网格，并在其上满铺竹笆或脚手板。也可采用贯穿于混凝土板内的钢筋构成防护网，钢筋网格间距不得大于20cm。

④边长在150cm以上的洞口，四周设防护栏杆，洞口下张设安全网。

⑤垃圾井道和烟道，应随楼层的砌筑或安装而消除洞口，或参照预留洞口作防护。管道井施工时，除按以上要求办理外，还应加设明显的标志。如有临时性拆移，需经施工负责人核准，工作完毕后必须恢复防护设施。

⑥位于车辆行驶道旁的洞口、深沟与管道坑、槽，所加盖板应能承受不小于当地额定卡车后轮有效承载力2倍的荷载。

⑦墙面等处的竖向洞口，凡落地的洞口应加装开关式、工具式或固定式的防护门，门栅网格的间距不应大于15cm，也可采用防护栏杆，下设挡脚板(笆)。

⑧下边沿至楼板或底面低于80cm的窗台等竖向洞口，如侧边落差大于2m时，应加设1.2m高的临时护栏。

⑨对邻近的人与物有坠落危险性的其他竖向的孔、洞口，均应予以遮盖或加以防护，并有固定其位置的措施。

## 四、攀登作业的安全

(1)在施工组织设计中应确定用于现场施工的登高和攀登设施。现场登高应借助建筑结构或脚手架上的登高设施，也可采用载人的垂直运输设备。进行攀登作业时可使用梯子或采用其他攀登设施。

(2)柱、梁和行车梁等构件吊装所需的直爬梯及其他登高用拉攀件，应在构件施工图或说明内作出规定。

(3)攀登的用具，结构构造上必须牢固可靠。供人上下的踏板其使用荷载不应大于1100N。当梯面上有特殊作业，重量超过上述荷载时，应按实际情况加以验算。

(4)移动式梯子，均应按现行的国家标准验收其质量。

(5)梯脚底部应坚实，不得垫高使用。梯子的上端应有固定措施。立梯工作角度以75°±5°为宜，踏板上下间距以30cm为宜，不得有缺档。

(6)梯子如需接长使用，必须有可靠的连接措施，且接头不得超过一处。连接后梯梁的强度，不应低于单梯梯梁的强度。

(7)折梯使用时上部夹角以35°～45°为宜，铰链必须牢固，并应有可靠的拉撑措施。

(8)固定式直爬梯应用金属材料制成。梯宽不应大于50cm，支撑应采用不小于∟70×6的角钢，埋设与焊接均必须牢固。梯子顶端的踏棍应与攀登的顶面齐平，并加设1～1.5m高的扶手。使用直爬梯进行攀登作业时，攀登高度以5m为宜。超过2m时，宜加设护笼，超过8m时，必须设置梯间平台。

(9)作业人员应从规定的通道上下，不得在阳台之间等非规定通道进行攀登，也不得任意利用吊车臂架等施工设备进行攀登。上下梯子时，必须面向梯子，且不得手持器物。

(10)钢柱安装登高时，应使用钢挂梯或设置在钢柱上的爬梯。挂梯构造见图 3-1。

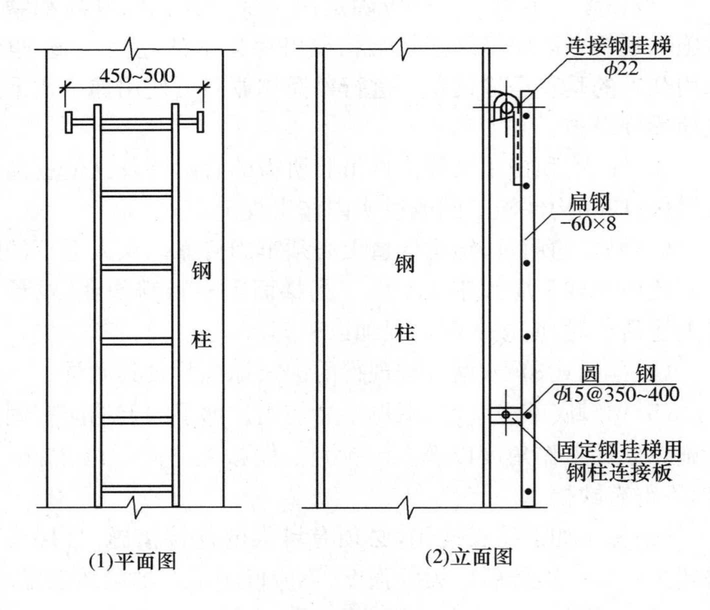


图 3-1 钢柱登高挂梯(单位:mm)

钢柱的接柱应使用梯子或操作台，操作台横杆高度，当无电焊防风要求时，其高度不宜小于 1m；有电焊防风要求时，其高度不宜小于 1. 8m，见图 3-2。

(11)登高安装钢梁时，应视钢梁高度，在两端设置挂梯或搭设钢管脚手架，构造形式参见图 3-3。

梁面上需行走时，其一侧的临时护栏横杆可采用钢索，当改用扶手绳时，绳的自然下垂度不应大于 $L/20$，并应控制在 10cm

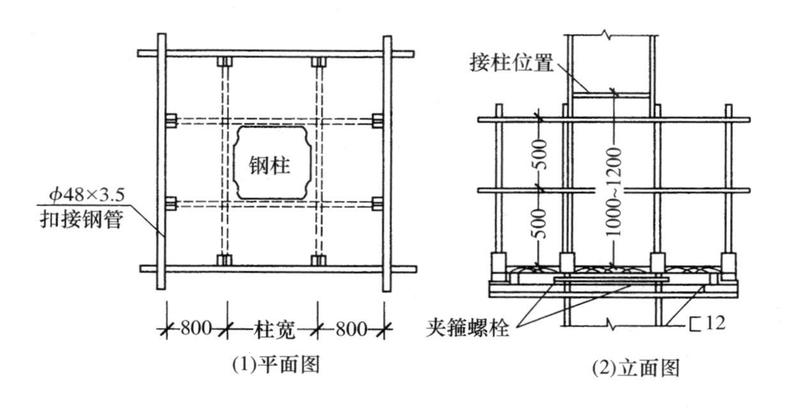


图 3-2　钢柱接柱用操作台(单位:mm)

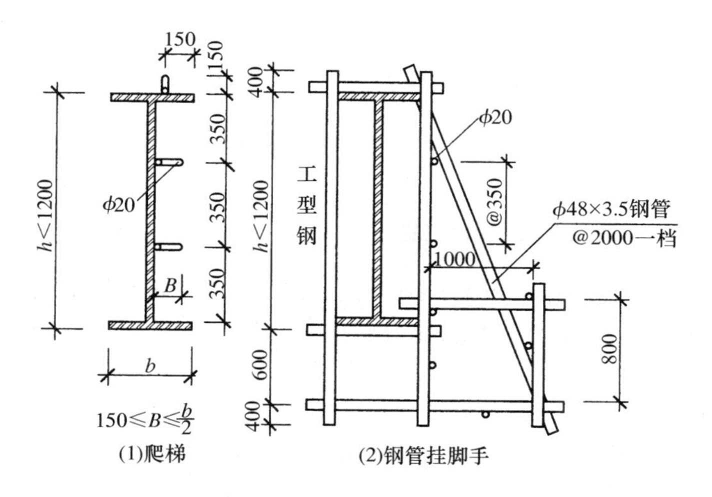


图 3-3　钢梁登高设施(单位:mm)

以内,见图 3-4。$L$ 为绳的长度。

(12)钢屋架的安装,应遵守下列规定:

①在屋架上下弦登高操作时，对于三角形屋架应在屋脊处，梯形屋架应在两端，设置攀登时上下的梯架。材料可选用毛竹或原木，踏步间距不应大于 40cm，毛竹梢径不应小于 70mm。

②屋架吊装以前，应在上弦设置防护栏杆。

③屋架吊装以前，应预先在下弦挂设安全网；吊装完毕后，即将安全网铺设固定。

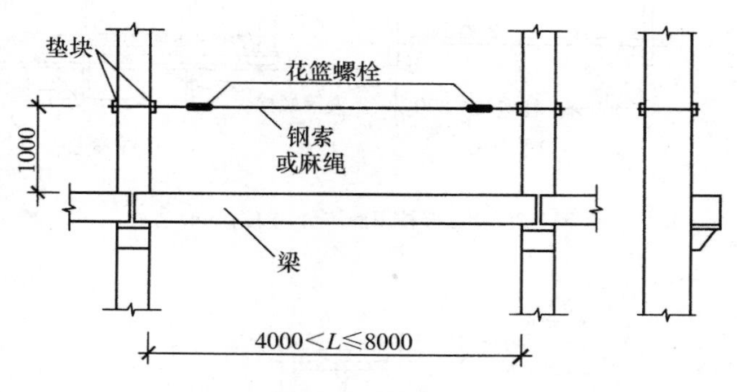


图 3-4 梁面临时护栏（单位：mm）

## 五、悬空作业的安全

（1）悬空作业处应有牢靠的立足处，并必须视具体情况配置防护栏网、栏杆或其他安全设施。

（2）悬空作业所用的索具、脚手板、吊篮、吊笼、平台等设备，均需经过技术鉴定或检证方可使用。

（3）构件吊装和管道安装时的悬空作业，必须遵守下列规定：

①钢结构的吊装，构件应尽可能在地面组装，并应搭设进行临时固定、电焊、高强螺栓连接等工序的高空安全设施，随构件同时上吊就位。拆卸时的安全措施，亦应一并考虑和落实。高

空吊装预应力钢筋混凝土屋架、桁架等大型构件前，也应搭设悬空作业中所需的安全设施。

②悬空安装大模板、吊装第一块预制构件、吊装单独的大中型预制构件时，必须站在操作平台上操作。吊装中的大模板和预制构件以及石棉水泥板等屋面板上，严禁站人和行走。

③安装管道时必须有已完结构或操作平台为立足点，严禁在安装的管道上站立和行走。

(4)模板支撑和拆卸时的悬空作业，必须遵守下列规定：

①支模应按规定的作业程序进行，模板未固定前不得进行下一道工序。严禁在连接件和支撑件上攀登上下，并严禁在上下同一垂直面上装、拆模板。结构复杂的模板，装、拆应严格按照施工组织设计的措施进行。

②支设高度在3m以上的柱模板，四周应设斜撑，并应设立操作平台。低于3m的可使用马凳操作。

③支设悬挑形式的模板时，应有稳固的立足点。支设临空构筑物模板时，应搭设支架或脚手架。模板上有预留洞时，应在交装后将洞盖住。混凝土板上拆模后形成的临边或洞口，应按规定进行防护。拆模高处作业，应配置登高用具或搭设支架。

(5)钢筋绑扎时的悬空作业，必须遵守下列规定：

①绑扎钢筋和安装钢筋骨架时，必须搭设脚手架和马道。

②绑扎圈梁、挑梁、挑檐、外墙和边柱等钢筋时，应搭设操作台和张挂安全网。悬空大梁钢筋的绑扎，必须在满铺脚手板的支架或操作平台上操作。

③绑扎立柱和墙体钢筋时，不得站在钢筋骨架上或攀登骨架上下。3m以内的柱钢筋，可在地面或楼面上绑扎，整体竖立。绑扎3m以上的柱钢筋，必须搭设操作平台。

(6)混凝土浇筑时的悬空作业，必须遵守下列规定：

①浇筑离地2m以上框架、过梁、雨篷和小平台时，应设操作平台，不得直接站在模板或支撑件上操作。

②浇筑拱形结构，应自两边拱脚对称地相向进行。浇筑储仓，下口应先行封闭，并搭设脚手架以防人员坠落。

③特殊情况下如无可靠的安全设施，必须系好安全带并扣好保险钩，或架设安全网。

(7)进行预应力张拉的悬空作业时，必须遵守下列规定：

①进行预应力张拉时，应搭设站立操作人员和设置张拉设备用的牢固可靠的脚手架或操作平台。

②预应力张拉区域应设置明显的安全标志，禁止非操作人员进入。张拉钢筋的两端必须设置挡板。挡板应距所张拉钢筋的端部1.5～2m，且应高出最上一组张拉钢筋0.5m，其宽度应距张拉钢筋两外侧各不小于1m。

③孔道灌浆应按预应力张拉安全设施的有关规定进行。

(8)悬空进行门窗作业时，必须遵守下列规定：

①安装门窗、油漆及安装玻璃时，严禁操作人员站在樘子、阳台栏板上操作。门窗临时固定，封填材料未达到强度，以及电焊时，严禁手拉门窗进行攀登。

②在高处外墙安装门窗，无外脚手架时，应张挂安全网。无安全网时，操作人员应系好安全带，其保险钩应挂在操作人员上方的可靠物件上。

③进行各项窗口作业时，操作人员的重心应位于室内，不得在窗台上站立，必要时应系好安全带进行操作。

## 六、操作平台的安全

(1)移动式操作平台，必须符合下列规定：

①操作平台应由专业技术人员按现行的相应规范进行设

计,计算书及图纸应编入施工组织设计。

②操作平台的面积不应超过 10m²,高度不应超过 5m。还应进行稳定验算,并采取措施减少立柱的长细比。

③装设轮子的移动式操作平台,轮子与平台的接合处应牢固可靠,立柱底端离地面不得超过 80mm。

④操作平台可采用 $\phi$(48～51)×3.5mm 钢管以扣件连接,亦可采用门式或承插式钢管脚手架部件,按产品使用要求进行组装。平台的次梁,间距不应大于 40cm;台面应满铺 3cm 厚的木板或竹笆。

⑤操作平台四周必须按临边作业要求设置防护栏杆,并应布置登高扶梯。

(2)悬挑式钢平台,必须符合下列规定:

①悬挑式钢平台应按现行的相应规范进行设计,其结构构造应能防止左右晃动,计算书及图纸应编入施工组织设计。

②悬挑式钢平台的搁支点与上部拉结点,必须位于建筑物上,不得设置在脚手架等施工设备上。

③斜拉杆或钢丝绳,构造上宜两边各设前后两道,两道中的每一道均应作单道受力计算。

④应设置 4 个经过验算的吊环。吊运平台时应使用卡环,不得使吊钩直接钩挂吊环。吊环应用甲类 3 号沸腾钢制作。

⑤钢平台安装时,钢丝绳应采用专用的挂钩挂牢,采取其他方式时卡头的卡子不得少于 3 个。建筑物锐角利口围系钢丝绳处应加衬软垫物,钢平台外口应略高于内口。

⑥钢平台左右两侧必须装置固定的防护栏杆。

⑦钢平台吊装,需待横梁支撑点电焊固定,接好钢丝绳调整完毕,经过检查验收,方可松卸起重吊钩,上下操作。

⑧钢平台使用时,应有专人进行检查,发现钢丝绳有锈蚀损

坏应及时调换，焊缝脱焊应及时修复。

(3)操作平台上应显著地标明容许荷载值。操作平台上人员和物料的总重量，严禁超过设计的容许荷载。应配备专人加以监督。

## 七、交叉作业的安全

(1)支模、粉刷、砌墙等各工种进行上下立体交叉作业时，不得在同一垂直方向上操作，下层作业的位置，必须处于依上层高度确定的可能坠落范围半径之外。不符合以上条件时，应设置安全防护层。

(2)钢模板、脚手架等拆除时，下方不得有其他操作人员。

(3)钢模板部件拆除后，临时堆放处离楼层边沿不得超过1m，堆放高度不得超过1m。楼层边口、通道口、脚手架边缘严禁堆放任何拆下物件。

(4)结构施工自二层起，凡人员进出的通道口(包括井架、施工用电梯的进出通道口)均应搭设安全防护棚。高度超过24m的层次上的交叉作业，应设双层防护。

(5)由于上方施工可能坠落物件或处于起重机把杆回转范围之内的通道，在其受影响的范围内，必须搭设顶部能防止穿透的双层防护廊。

## 八、脚手架作业安全技术常识

### 1. 脚手架的作用及常用架型

脚手架的搭设、拆除作业属悬空、攀登高处作业，其作业人员必须按照国家有关规定经过专门的安全作业培训，并取得特种作业操作资格证书后，方可上岗作业。其他无资格证书的作业人员只能做一些辅助工作，严禁悬空、登高作业。

脚手架的主要作用是在高处作业时供堆料、短距离水平运输及作业人员在上面进行施工作业。高处作业的安全隐患在脚手架上作业中都会发生。

脚手架应满足以下基本要求：

(1)要有足够的牢固性和稳定性，保证施工期间在所规定的荷载和气候条件下，不产生变形、倾斜和摇晃。

(2)要有足够的使用面积，满足堆料、运输、操作和行走的要求。

(3)构造要简单，搭设、拆除和搬运要方便。

常用脚手架有扣件式钢管脚手架、门式钢管脚手架、碗扣式钢管架等。此外还有附着升降脚手架、吊篮式脚手架、挂式脚手架等。

## 2.脚手架作业一般安全技术常识

(1)每项脚手架工程都要有经批准的施工方案。严格按照此方案搭设和拆除，作业前必须组织全体作业人员熟悉施工和作业要求，进行安全技术交底。班组长要带领作业人员对施工作业环境及所需工具、安全防护设施等进行检查，消除隐患后方可作业。

(2)脚手架要结合工程进度搭设，结构施工时脚手架要始终高出作业面一步架，但不宜一次搭得过高。未完成的脚手架，作业人员离开作业岗位(休息或下班)时，不得留有未固定的构件，并保证架子稳定。

脚手架要经验收签字后方可使用。分段搭设时应分段验收。在使用过程中要定期检查，较长时间停用、台风或暴雨过后使用要进行检查加固。

(3)落地式脚手架基础必须坚实，若是回填土时，必须平整夯实。并做好排水措施，以防止地基沉陷引起架子沉降、变形、倒塌。当基础不能满足要求时，可采取挑、吊、撑等技术措施，将荷载分段卸到建筑物上。

(4)设计搭设高度较小时(15m以下)，可采用抛撑；当设计高度较大时，采用既抗拉又抗压的连墙点(根据规范用柔性或刚性连墙点)。

(5)施工作业层的脚手板要满铺，牢固，离墙间隙不大于15cm，并不得出现探头板；在架子外侧四周设1.2m高的防护栏杆及18cm的挡脚板，且在作业层下装设安全平网；架体外排立杆内侧挂设密目式安全立网。

(6)脚手架出入口须设置规范的通道口防护棚；外侧临街或高层建筑脚手架，其外侧应设置双层安全防护棚。

(7)架子使用中，通常架上的均布荷载，不应超过规范规定。人员、材料不要太集中。

(8)在防雷保护范围之外，应按规定安装防雷保护装置。

(9)脚手架拆除时，应设警戒区和醒目标志，有专人负责警戒；架体上的材料、杂物等应消除干净；架体若有松动或危险的部位，应予以先行加固，再进行拆除。

(10)拆除顺序应遵循“自上而下，后装的构件先拆，先装的后拆，一步一清”的原则，依次进行。不得上下同时拆除作业，严禁用踏步式、分段、分立面拆除法。

(11)拆下来的杆件、脚手板、安全网等应用运输设备运至地面，严禁从高处向下抛掷。

## 九、施工现场临时用电安全知识

### 1. 现场临时用电安全基本原则

(1)建筑施工现场的电工、电焊工属于特种作业工种，必须按国家有关规定经专门安全作业培训，取得特种作业操作资格证书，方可上岗作业。其他人员不得从事电气设备及电气线路的安装、维修和拆除。

(2)建筑施工现场必须采用TN－S接零保护系统，即具有专用保护零线(PE线)、电源中性点直接接地的220/380V三相五线制系统。

(3)建筑施工现场必须按“三级配电二级保护”设置。

(4)施工现场的用电设备必须实行“一机、一闸、一漏、一箱”制，即每台用电设备必须有自己专用的开关箱，专用开关箱内必须设置独立的隔离开关和漏电保护器。

(5)严禁在高压线下方搭设临建、堆放材料和进行施工作业；在高压线一侧作业时，必须保持至少6m的水平距离，达不到上述距离时，必须采取隔离防护措施。

(6)在宿舍工棚、仓库、办公室内严禁使用电饭煲、电水壶、电炉、电热杯等较大功率电器。如需使用，应由项目部安排专业电工在指定地点，安装可使用较高功率电器的电气线路和控制器。严禁使用不符合安全要求的电炉、电热棒等。

(7)严禁在宿舍内乱拉乱接电源，非专职电工不准乱接或更换熔丝，不准以其他金属丝代替熔丝(保险丝)。

(8)严禁在电线上晾衣服和挂其他东西等。

(9)搬运较长的金属物体，如钢筋、钢管等材料时，应注意不要碰触到电线。

(10)在临近输电线路的建筑物上作业时，不能随便往下扔金属类杂物；更不能触摸、拉动电线或电线接触钢丝和电杆的拉线。

(11)移动金属梯子和操作平台时，要观察高处输电线路与移动物体的距离，确认有足够的安全距离，再进行作业。

(12)在地面或楼面上运送材料时,不要踏在电线上;停放手推车,堆放钢模板、跳板、钢筋时不要压在电线上。

(13)在移动有电源线的机械设备,如电焊机、水泵、小型木工机械等,必须先切断电源,不能带电搬动。

(14)当发现电线坠地或设备漏电时,切不可随意跑动和触摸金属物体,并保持 10m 以上距离。

## 2. 安全电压

(1)安全电压是指 50V 以下特定电源供电的电压系列。

安全电压是为防止触电事故而采用的 50V 以下特定电源供电的电压系列,分为 42V、36V、24V、12V 和 6V 五个等级,根据不同的作业条件,选用不同的安全电压等级。建筑施工现场常用的安全电压有 12V、24V、36V。

(2)特殊场所必须采用安全电压照明供电。

以下特殊场所必须采用安全电压照明供电:

①室内灯具离地面低于 2.4m,手持照明灯具,一般潮湿作业场所(地下室、潮湿室内、潮湿楼梯、隧道、人防工程以及有高温、导电灰尘等)的照明,电源电压应不大于 36V。

②在潮湿和易触及带电体场所的照明电源电压,应不大于 24V。

③在特别潮湿的场所,锅炉或金属容器内,导电良好的地面使用手持照明灯具等,照明电源电压不得大于 12V。

## 3. 电线的相色

(1)正确识别电线的相色。

电源线路可分为工作相线(火线)、专用工作零线和专用保护零线。一般情况下,工作相线(火线)带电危险,专用工作零线和专用保护零线不带电(但在不正常情况下,工作零线也可以带电)。

(2)相色规定。

一般相线(火线)分为A、B、C三相,分别为黄色、绿色、红色;工作零线为黑色;专用保护零线为黄绿双色线。

严禁用黄绿双色、黑色、蓝色线充当相线,也严禁用黄色、绿色、红色线作为工作零线和保护零线。

## 4. 插座的使用

正确使用与安装插座。

(1)插座分类。

常用的插座分为单相双孔、单相三孔和三相三孔、三相四孔等。

(2)选用与安装接线。

①三孔插座应选用"品字形"结构,不应选用等边三角形排列的结构,因为后者容易发生三孔互换造成触电事故。

②插座在电箱中安装时,必须首先固定安装在安装板上,接地极与箱体一起作可靠的PE保护。

③三孔或四孔插座的接地孔(较粗的一个孔),必须置在顶部位置,不可倒置,两孔插座应水平并列安装,不准垂直并列安装。

④插座接线要求:对于两孔插座,左孔接零线,右孔接相线;对于三孔插座,左孔接零线,右孔接相线,上孔接保护零线;对于四孔插座,上孔接保护零线,其他三孔分别A、B、C三根相线。

## 5."用电示警"标志

正确识别"用电示警"标志或标牌,不得随意靠近、随意损坏和挪动标牌(见表 3-1)。进入施工现场的每个人都必须认真遵守用电管理规定,见到以上用电示警标志或标牌时,不得随意靠近,更不准随意损坏、挪动标牌。

表 3-1 “用电示警”标志

| 使用<br>分类 | 颜色 | 使用场所 |
| --- | --- | --- |
| 常用电力标志 | 红色 | 配电房、发电机房、变压器等重要场所 |
| 高压示警标志 | 字体为黑色,箭头和边框为红色 | 需高压示警场所 |
| 配电房示警标志 | 字体为红色,边框为黑色(或字与边框交换颜色) | 配电房或发电机房 |
| 维护检修示警标志 | 底为红色、字为白色(或字为红色、底为白色、边框为黑色) | 维护检修时相关场所 |
| 其他用电示警标志 | 箭头为红色、边框为黑色、字为红色或黑色 | 其他一般用电场所 |

### 6. 电气线路的安全技术措施

(1)施工现场电气线路全部采用“三相五线制”(TN－S 系统)专用保护接零(PE 线)系统供电。

(2)施工现场架空线采用绝缘铜线。

(3)架空线设在专用电杆上,严禁架设在树木、脚手架上。

(4)导线与地面保持足够的安全距离。

导线与地面最小垂直距离:施工现场应不小于 4m;机动车道应不小于 6m;铁路轨道应不小于 7.5m。

(5)无法保证规定的电气安全距离,必须采取防护措施。

如果由于在建工程位置限制而无法保证规定的电气安全距离,必须采取设置防护性遮拦、栅栏,悬挂警告标志牌等防护措施,发生高压线断线落地时,非检修人员要远离落地 10m 以外,以防跨步电压危害。

(6)为了防止设备外壳带电发生触电事故,设备应采用保护接零,并安装漏电保护器等措施。作业人员要经常检查保护零线联接是否牢固可靠,漏电保护器是否有效。

(7)在电箱等用电危险地方,挂设安全警示牌。如“有电危险”“禁止合闸,有人工作”等。

## 7.照明用电的安全技术措施

施工现场临时照明用电的安全要求如下:

(1)临时照明线路必须使用绝缘导线。

临时照明线路必须使用绝缘导线,户内(工棚)临时线路的导线必须安装在离地2m以上的支架上;户外临时线路必须安装在离地2.5m以上的支架上,零星照明线不允许使用花线,一般应使用软电缆线。

(2)建设工程的照明灯具宜采用拉线开关。

拉线开关距地面高度为2~3m,与出口、入口的水平距离为0.15~0.2m。

(3)严禁在床头设立开关和插座。

(4)电器、灯具的相线必须经过开关控制。

不得将相线直接引入灯具,也不允许以电气插头代替开关来分合电路,室外灯具距地面不得低于3m;室内灯具不得低于2.4m。

(5)使用手持照明灯具(行灯)应符合一定的要求:

①电源电压不超过36V。

②灯体与手柄应坚固,绝缘良好,并耐热防潮湿。

③灯头与灯体结合牢固。

④灯泡外部要有金属保护网。

⑤金属网、反光罩、悬吊挂钩应固定在灯具的绝缘部位上。

(6)照明系统中每一单相回路上，灯具和插座数量不宜超过25个，并应装设熔断电流为15A以下的熔断保护器。

## 8. 配电箱与开关箱的安全技术措施

施工现场临时用电一般采用三级配电方式，即总配电箱(或配电室)，下设分配电箱，再以下设开关箱，开关箱以下就是用电设备。

配电箱和开关箱的使用安全要求如下：

(1)配电箱、开关箱的箱体材料，一般应选用钢板，亦可选用绝缘板，但不宜选用木质材料。

(2)电箱、开关箱应安装端正、牢固，不得倒置、歪斜。

固定式配电箱、开关箱的下底与地面垂直距离应大于或等于1.3m，小于或等于1.5m；移动式分配电箱、开关箱的下底与地面的垂直距离应大于或等于0.6m，小于或等于1.5m。

(3)进入开关箱的电源线，严禁用插销连接。

(4)电箱之间的距离不宜太远。

分配电箱与开关箱的距离不得超过30m。开关箱与固定式用电设备的水平距离不宜超过3m。

(5)每台用电设备应有各自专用的开关箱。

施工现场每台用电设备应有各自专用的开关箱，且必须满足"一机、一闸、一漏、一箱"的要求，严禁用同一个开关电器直接控制两台及两台以上用电设备(含插座)。

开关箱中必须设漏电保护器，其额定漏电动作电流应不大于30mA，漏电动作时间应不大于0.1s。

(6)所有配电箱门应配锁，不得在配电箱和开关箱内挂接或插接其他临时用电设备，开关箱内严禁放置杂物。

(7)配电箱、开关箱的接线应由电工操作,非电工人员不得乱接。

### 9. 配电箱和开关箱的使用要求

(1)在停电、送电时,配电箱、开关箱之间应遵守合理的操作顺序:

送电操作顺序:总配电箱→分配电箱→开关箱。

断电操作顺序:开关箱→分配电箱→总配电箱。

正常情况下,停电时首先分断自动开关,然后分断隔离开关;送电时先合隔离开关,后合自动开关。

(2)使用配电箱、开关箱时,操作者应接受岗前培训,熟悉所使用设备的电气性能和掌握有关开关的正确操作方法。

(3)及时检查、维修,更换熔断器的熔丝,必须用原规格的熔丝,严禁用铜线、铁线代替。

(4)配电箱的工作环境应经常保持设置时的要求,不得在其周围堆放任何杂物,保持必要的操作空间和通道。

(5)维修机器停电作业时,要与电源负责人联系停电,要悬挂警示标志,卸下保险丝,锁上开关箱。

### 10. 手持电动机具的安全使用要求

(1)一般场所应选用Ⅰ类手持式电动工具,并应装设额定漏电动作电流不大于15mA,额定漏电动作时间小于0.1s的漏电保护器。

(2)在露天、潮湿场所或金属构架上操作时,必须选用Ⅱ类手持式电动工具,并装设漏电保护器,严禁使用Ⅰ类手持式电动工具。

(3)负荷线必须采用耐用的橡皮护套铜芯软电缆。

单相用三芯(其中一芯为保护零线)电缆;三相用四芯(其中

一芯为保护零线)电缆;电缆不得有破损或老化现象,中间不得有接头。

(4)手持电动工具应配备装有专用的电源开关和漏电保护器的开关箱,严禁一台开关接两台以上设备,其电源开关应采用双刀控制。

(5)手持电动工具开关箱内应采用插座连接,其插头、插座应无损坏,无裂纹,且绝缘良好。

(6)使用手持电动工具前,必须检查外壳、手炳、负荷线、插头等是否完好无损,接线是否正确(防止相线与零线错接);发现工具外壳、手柄破裂,应立即停止使用并进行更换。

(7)非专职人员不得擅自拆卸和修理工具。

(8)作业人员使用手持电动工具时,应穿绝缘鞋,戴绝缘手套,操作时握其手柄,不得利用电缆提拉。

(9)长期搁置不用或受潮的工具在使用前应由电工测量绝缘阻值是否符合要求。

## 11. 触电事故及原因分析

(1)缺乏电气安全知识,自我保护意识淡薄。

电气设施安装或接线不是由专业电工操作,而是由自己安装。安装人又无基本的电气安全知识,装设不符合电气基本要求,造成意外的触电事故。发生这种触电事故的原因都是缺乏电气安全知识,无自我保护意识。

(2)违反安全操作规程。

施工现场中,有人图方便,不用插头,在电箱乱拉乱接电线。还有人在宿舍私自拉接电线照明,在床上接音响设备、电风扇,有的甚至烧水、做饭等,极易造成触电事故。也有人凭经验用手去试探电器是否带电或不采取安全措施带电作业,或带着侥幸心理在带电体(如高压线)周围,不采取任何安全措施,违章作业,造成触电事故等。

(3)不使用“TN－S”接零保护系统。

有的工地未使用“TN－S”接零保护系统,或者未按要求连接专用保护零线,无有效的安全保护系统。不按“三级配电二级保护”“一机、一闸、一漏、一箱”设置,造成工地用电使用混乱,易造成误操作。并且在触电时,使得安全保护系统未起到可靠的安全保护效果。

(4)电气设备安装不合格。

电气设备安装必须遵守安全技术规定,否则由于安装错误,当人身接触带电部分时,就会造成触电事故。如电线高度不符合安全要求,太低,架空线乱拉、乱扯,有的还将电线栓在脚手架上,导线的接头只用老化的绝缘布包上,以及电气设备没有作保护接地,保护接零等,一旦漏电就会发生严重触电事故。

(5)电气设备缺乏正常检修和维护。

由于电气设备长期使用,易出现电气绝缘老化、导线裸露、胶盖刀闸胶木破损、插座盖子损坏等。如不及时检修,一旦漏电,将造成严重后果。

(6)偶然因素。

电力线被风刮断,导线接触地面引起跨步电压,当人走近该地区时就会发生触电事故。

## 十、起重吊装安全常识

### 1. 基本要求

塔式起重机、施工电梯、物料提升机等施工起重机械的操作(也称为司机)、指挥、司索等作业人员属特种作业,必须按国家有关规定经专门安全作业培训，取得特种作业操作资格证书，方可上岗作业。

施工起重机械（也称垂直运输设备）必须由有相应的制造（生产）许可证企业生产，并有出厂合格证。其安装、拆除、加高及附墙施工作业，必须由有相应作业资格的队伍作业，作业人员必须按国家有关规定经专门安全作业培训，取得特种作业操作资格证书，方可上岗作业。其他非专业人员不得上岗作业。安装、拆卸、加高及附墙施工作业前，必须有经审批、审查的施工方案，并进行方案及安全技术交底。

## 2. 塔式起重机使用安全常识

（1）起重机“十不吊”。

①起重臂和吊起的重物下面有人停留或行走不准吊。

②起重指挥应由技术培训合格的专职人员担任，无指挥或信号不清不准吊。

③钢筋、型钢、管材等细长和多根物件必须捆扎牢靠，多点起吊。单头“千斤”或捆扎不牢靠不准吊。

④多孔板、积灰斗、手推翻斗车不用四点吊或大模板外挂板不用卸甲不准吊。预制钢筋混凝土楼板不准双拼吊。

⑤吊砌块必须使用安全可靠的砌块夹具，吊砖必须使用砖笼，并堆放整齐。木砖、预埋件等零星物件要用盛器堆放稳妥，叠放不齐不准吊。

⑥楼板、大梁等吊物上站人不准吊。

⑦埋入地下的板桩、井点管等以及粘连、附着的物件不准吊。

⑧多机作业，应保证所吊重物距离不小于 3m，在同一轨道上多机作业，无安全措施不准吊。

⑨六级以上强风不准吊。

⑩斜拉重物或超过机械允许荷载不准吊。

(2)塔式起重机吊运作业区域内严禁无关人员入内,起吊物下方不准站人。

(3)司机(操作)、指挥、司索等工种应按有关要求配备,其他人员不得作业。

(4)六级以上强风不准吊运物件。

(5)作业人员必须听从指挥人员的指挥,吊物起吊前作业人员应撤离。

(6)吊物的捆绑要求。

①吊运物件时,应清楚重量,吊运点及绑扎应牢固可靠。

②吊运散件物时,应用铁制合格料斗,料斗上应设有专用的牢固的吊装点;料斗内装物高度不得超过料斗上口边,散粒状的轻浮易撒物盛装高度应低于上口边线10cm。

③吊运长条状物品(如钢筋、长条状木方等),所吊物件应在物品上选择两个均匀、平衡的吊点,绑扎牢固。

④吊运有棱角、锐边的物品时,钢丝绳绑扎处应作好防护措施。

### 3. 施工电梯使用安全常识

施工电梯也称外用电梯,也有称为(人、货两用)施工升降机,是施工现场垂直运输人员和材料的主要机械设备。

(1)施工电梯投入使用前,应在首层搭设出入口防护棚,防护棚应符合有关高处作业规范。

(2)电梯在大雨、大雾、六级以上大风以及导轨架、电缆等结冰时,必须停止使用。并将梯笼降到底层,切断电源。暴风雨后,应对电梯各安全装置进行一次检查,确认正常,方可使用。

(3)电梯底笼周围 2.5m 范围,应设置防护栏杆。

(4)电梯各出料口运输平台应平整牢固,还应安装牢固可靠的栏杆和安全门,使用时安全门应保持关闭。

(5)电梯使用应有明确的联络信号,禁止用敲打、呼叫等方式联络。

(6)乘坐电梯时,应先关好安全门,再关好梯笼门,方可启动电梯。

(7)梯笼内乘人或载物时,应使载荷均匀分布,不得偏重;严禁超载运行。

(8)等候电梯时,应站在建筑物内,不得聚集在通道平台上,也不得将头、手伸出栏杆和安全门外。

(9)电梯每班首次载重运行时,当梯笼升离地 1～2m 时,应停机试验制动器的可靠性;当发现制动效果不良时,应调整或修复后方可投入使用。

(10)操作人员应根据指挥信号操作。作业前应鸣声示意。在电梯未切断总电源开关前,操作人员不得离开操作岗位。

(11)施工电梯发生故障的处理

①当运行中发现有异常情况时,应立即停机并采取有效措施将梯笼降到底层,排除故障后方可继续运行。

②在运行中发现电气失控时,应立即按下急停按钮;在未排除故障前,不得打开急停按钮。

③在运行中发现制动器失灵时,可将梯笼开至底层维修;或者让其下滑防坠安全器制动。

④在运行中发现故障时,不可惊慌,电梯的安全装置将提供可靠的保护;并且听从专用人员的安排,或等待修复,或按专业人员指挥撤离。

(12)作业后,应将梯笼降到底层,各控制开关拨到零位,切断电源,锁好开关箱,闭锁梯笼门和围护门。

## 4. 物料提升机使用安全常识

物料提升机有龙门架、井字架式的，也有的称为(货用)施工升降机，是施工现场物料垂直运输的主要机械设备。

(1)物料提升机用于运载物料，严禁载人上下；装卸料人员、维修人员必须在安全装置可靠或采取了可靠的措施后，方可进入吊笼内作业。

(2)物料提升机进料口必须加装安全防护门，并按高处作业规范搭设防护棚，并设安全通道，防止从棚外进入架体中。

(3)物料提升机在运行时，严禁对设备进行保养、维修，任何人不得攀登架体和从架体内穿过。

(4)运载物料的要求。

①运送散料时，应使用料斗装载，并放置平稳；使用手推斗车装置于吊笼时，必须装将手推斗车平稳并制动放置，注意车把手及车不能伸出吊笼。

②运送长料时，物料不得超出吊笼；物料立放时，应捆绑牢固。

③物料装载时，应均匀分布，不得偏重，严禁超载运行。

(5)物料提升机的架体应有附墙或缆风绳，并应牢固可靠，符合说明书和规范的要求。

(6)物料提升机的架体外侧应用小网眼安全网封闭，防止物料在运行时坠落。

(7)禁止在物料提升机架体上焊接、切割或者钻孔等作业，防止损伤架体的任何构件。

(8)出料口平台应牢固可靠，并应安装防护栏杆和安全门。运行时安全门应保持关闭。

(9)吊笼上应有安全门，防止物料坠落；并且安全门应与安全停靠装置联锁。安全停靠装置应灵敏可靠。

（10）楼层安全防护门应有电气或机械锁装置，在安全门未可靠关闭时，限止吊笼运行。

（11）作业人员等待吊笼时，应在建筑材物内或者平台内距安全门 1m 以上处等待。严禁将头、手伸出栏杆或安全门。

（12）进出料口应安装明确的联络信号，高架提升机还应安装可视系统。

### 5. 起重吊装作业安全常识

起重吊装是指建筑工程中，采用相应的机械设备和设施来完成结构吊装和设施安装。其作业属于危险作业，作业环境复杂，技术难度大。

（1）作业前应根据作业特点编制专项施工方案，并对参加作业人员进行方案和安全技术交底。

（2）作业时周边应置警戒区域，设置醒目的警示标志，防止无关人员进入；特别危险处应设监护人员。

（3）起重吊装作业大多数作业点都必须由专业技术人员作业；属于特种作业的人员必须按国家有关规定经专门安全作业培训，取得特种作业操作资格证书，方可上岗作业。

（4）作业人员应根据现场作业条件选择安全的位置作业。要卷扬机与地滑轮穿越钢丝绳的区域，禁止人员站立和通行。

（5）吊装过程必须设有专人指挥，其他人员必须服从指挥。起重指挥不能兼作其他工种。并应确保起重司机清晰准确地听到指挥信号。

（6）作业过程必须遵守起重机“十不吊”原则。

（7）被吊物的捆绑要求，按第一节塔式起重机中被吊物捆绑作业要求。

(8)构件存放场地应该平整坚实。构件叠放用方木垫平,必须稳固,不准超高(一般不宜超过1.6m)。构件存放除设置垫木外,必要时要设置相应的支撑,提高其稳定性。禁止无关人员在堆放的构件中穿行,防止发生构件倒塌挤人事故。

(9)在露天有六级以上大风或大雨、大雪、大雾等天气时,应停止起重吊装作业。

(10)起重机作业时,起重臂和吊物下方严禁有人停留、工作或通过。重物吊运时,严禁人从上方通过。严禁用起重机载运人员。

(11)经常使用的起重工具注意事项。

①手动倒链:操作人员应经培训合格,方可上岗作业,吊物时应挂牢后慢慢拉动倒链,不得斜向拽拉。当一人拉不动时,应查明原因,禁止多人一齐猛拉。

②手搬葫芦:操作人员应经培训合格,方可上岗作业,使用前检查自锁夹钳装置的可靠性,当夹紧钢丝绳后,应能往复运动,否则禁止使用。

③千斤顶:操作人员应经培训合格,方可上岗作业,千斤顶置于平整坚实的地面上,并垫木板或钢板,防止地面沉陷。顶部与光滑物接触面应垫硬木防止滑动。开始操作应逐渐顶升,注意防止顶歪,始终保持重物的平衡。

# 第 4 部分　季节性现场施工安全常识

## 一、概述

一般来讲,季节性施工主要指雨期施工和冬期施工。雨期施工,应当采取防雨、防雷击措施,组织好排水。同时,注意做好防止触电和坑槽坍塌措施,沿河流域的工地做好防洪准备,傍山的施工现场做好防滑坡塌方措施,脚手架、塔机等应做好防强风措施。冬期施工,气温低,易结露结冰,天气干燥,作业人员操作不灵活,作业场所应采取措施防滑、防冻,生活办公场所应当采取措施防火和防煤气中毒。另外,春、秋季天气干燥,风大,应注意做好防火、防风措施;秋季还应注意饮食卫生,防止腹泻等流行性疾病。任何季节遇六级以上(含六级)强风、大雪、浓雾等恶劣天气,严禁露天起重吊装和高处作业。

## 二、雨期施工

由于雨期施工持续时间较长,而且大雨、大风等恶劣天气具有突然性,因此应认真编制好雨期施工的安全技术措施,做好雨期施工的各项准备工作。

### 1. 合理组织施工

根据雨期施工的特点,将不宜在雨期施工的工程提早或延后安排,对必须在雨期施工的工程制定有效的措施。晴天抓紧室外作业,雨天安排室内工作。注意天气预报,做好防汛准备。

遇到大雨、大雾、雷击和六级以上大风等恶劣天气，应当停止进行露天高处、起重、吊装和打桩等作业。暑期作业应当调整作息时间，从事高温作业的场所应当采取通风和降温措施。

### 2. 做好施工现场的排水

(1)根据施工总平面图、排水总平面图，利用自然地形确定排水方向，按规定坡度挖好排水沟，确保施工工地排水畅通。

(2)应严格按防汛要求，设置连续、通畅的排水设施和其他应急设施，防止泥浆、污水、废水外流或堵塞下水道和排水河沟。

(3)雨期应设专人负责，及时疏浚排水系统，确保施工现场排水畅通。

### 3. 运输道路

(1)临时道路应起拱5‰，两侧做宽300mm、深200mm的排水沟。

(2)对路基易受冲刷部分，应铺石块、焦渣、砾石等渗水防滑材料，或者设涵管排泄，保证路基的稳固。

(3)雨期应指定专人负责维修路面，对路面不平或积水处应及时修好。

(4)场区内主要道路应当硬化。

### 4. 临时设施及其他施工准备工作

(1)施工现场的大型临时设施，在雨期前应整修加固完毕，应保证不漏、不塌、不倒，周围不积水，严防水冲入设施内。大风和大雨后，应当检查临时设施地基和主体结构情况，发现问题及时处理。

(2)雨期前应清除沟边多余的弃土，减轻坡顶压力。

(3)雨后应及时对坑槽沟边坡和固壁支撑结构进行检查，深基坑应当派专人进行认真测量、观察边坡情况，如果发现边坡有裂缝、疏松、支撑结构折断、走动等危险征兆，应当立即采取措施。

(4)大风、大雨后作业，应当检查起重机械设备的基础、塔身的垂直度、缆风绳和附着结构，以及安全保险装置并先试吊，确认无异常方可作业。

(5)落地式钢管脚手架底应当高于自然地坪50mm，并夯实整平，留一定的散水坡度，在周围设置排水措施，防止雨水浸泡脚手架。

(6)遇到大雨、大雾、高温、雷击和六级以上大风等恶劣天气，应当停止脚手架的搭设和拆除作业。

(7)大风、大雨后，要组织人员检查脚手架是否牢固，如有倾斜、下沉、松扣、崩扣和安全网脱落、开绳等现象，要及时进行处理。

### 5. 雨期施工的用电与防雷

(1)雨期施工的用电。

①各种露天使用的电气设备应选择较高的干燥处放置。

②机电设备(配电盘、闸箱、电焊机、水泵等)应有可靠的防雨措施，电焊机应加防护雨罩。

③雨期前应检查照明和动力线有无混线、漏电，电杆有无腐蚀，埋设是否牢靠等，防止触电事故发生。

④雨期要检查现场电气设备的接零、接地保护措施是否牢靠，漏电保护装置是否灵敏，电线绝缘接头是否良好。

(2)雨期施工的防雷。

①防雷装置的设置范围。施工现场高出建筑物的塔吊、外用电梯、井字架、龙门架以及较高金属脚手架等高架设施，如果

在相邻建筑物、构筑物的防雷装置保护范围以外，在表4-1规定的范围内，则应当按照规定设防雷装置，并经常进行检查。

表4-1　施工现场内机械设备需要安装防雷装置的规定

| 地区平均雷暴日(d) | 机械设备高度(m) |
|---|---|
| ≤15 | ≥50 |
| >15,≤40 | ≥32 |
| >40,≤90 | ≥20 |
| >90及雷灾特别严重的地区 | ≥12 |

如果最高机械设备上的避雷针，其保护范围按照60m计算能够保护其他设备，且最后退出现场，其他设备可以不设置避雷装置。

②防雷装置的构成及操作要求。施工现场的防雷装置一般由避雷针、接地线和接地体三部分组成。

避雷针，装在高出建筑物的塔吊、人货电梯、钢脚手架等的顶端。机械设备上的避雷针(接闪器)长度应当为1～2m。

接地线，可用截面积不小于$16mm^2$的铝导线，或用截面积不小于$12mm^2$的铜导线，或者用直径不小于$\phi18$的圆钢，也可以利用该设备的金属结构体，但应当保证电气连接。

接地体，有棒形和带形两种。棒形接地体一般采用长度1.5m、壁厚不小于2.5mm的钢管或∟5×50的角钢。将其一端垂直打入地下，其顶端离地平面不小于50cm，带形接地体可采用截面积不小于$50mm^2$，长度不小于3m的扁钢，平卧于地下500mm处。

防雷装置的避雷针、接地线和接地体必须焊接(双面焊)，焊缝长度应为圆钢直径的6倍或扁钢厚度的2倍以上。

施工现场所有防雷装置的冲击接地电阻值不得大于30Ω。

## 6. 夏季施工的卫生保健

(1)宿舍应保持通风、干燥,有防蚊蝇措施,统一使用安全电压。生活办公设施要有专人管理,定期清扫、消毒,保持室内整齐清洁卫生。

(2)中暑。

炎热地区夏季施工应有防暑降温措施,防止中暑。

①中暑可分为热射病、热痉挛和日射病,在临床上往往难以严格区别,而且常以混合式出现,统称为中暑。

a. 先兆中暑。在高温作业一定时间后,如大量出汗、口渴、头昏、耳鸣、胸闷、心悸、恶心、软弱无力等症状,体温正常或略有升高(不超过 37.5℃),这就有发生中暑的可能性。此时如能及时离开高温环境,经短时间的休息后,症状可以消失。

b. 轻度中暑。除先兆中暑症状外,如有下列症候群之一,称为轻度中暑:人的体温在 38℃以上,有面色潮红、皮肤灼热等现象;有呼吸、循环衰竭的症状,如面色苍白、恶心、呕吐、大量出汗、皮肤湿冷、血压下降、脉搏快而微弱等。轻度中暑经治疗,4~5h内可恢复。

c. 重度中暑。除有轻度中暑症状外,还出现昏倒或痉挛、皮肤干燥无汗,体温在 40℃以上。

②防暑降温应采取综合性措施。

a. 组织措施。合理安排作息时间,实行工间休息制度,早晚干活,中午延长休息时间等。

b. 技术措施。改革工艺,减少与热源接触的机会,疏散、隔离热源。

c. 通风降温。可采用自然通风、机械通风和挡阳措施等。

d. 卫生保健措施。供给含盐饮料,补偿高温作业工人因大量出汗而损失的水分和盐分。

③施工现场应供符合卫生标准的饮用水，不得多人共用一个饮水器皿。

## 三、冬期施工

### 1. 冬期施工概念

冬期施工中，由于长时间的持续低温、大的温差、强风、降雪和冰冻，施工条件较其他季节艰难得多，加之在严寒环境中作业人员穿戴较多，手脚亦皆不灵活，对工程进度、工程质量和施工安全产生严重的不良影响，必须采取附加或特殊的措施组织施工，才能保证工程建设顺利进行。

根据当地多年气象资料统计，当室外日平均气温连续5d稳定低于5℃即进入冬期施工；当室外日平均气温连续5d高于5℃时解除冬期施工。

### 2. 冬期施工特点

(1)冬期施工由于施工条件及环境不利，是安全事故多发季节。

(2)隐蔽性、滞后性。即工程是冬天干的，大多数在春季开始才暴露出来问题，因而给事故处理带来很大的难度，不仅给工程带来损失，而且影响工程使用寿命。

(3)冬期施工的计划性和准备工作时间性强。这是由于准备工作时间短，技术要求复杂。往往有一些安全事故的发生，都是由于这一环节跟不上，仓促施工造成的。

### 3. 冬期施工基本要求

(1)冬期施工前两个月即应进行冬期施工战略性安排。

(2)冬期施工前一个月即应编制好冬期施工技术措施。

(3)冬期施工前一个月做好冬期施工材料、专用设备、能源、暂设工种等施工准备工作。

(4)搞好相关人员技术培训和技术交底工作。

### 4. 冬期施工的准备

(1)编制冬期施工组织设计。

冬期施工组织设计,一般应在入冬前编审完毕。冬期施工组织设计,应包括下列内容:确定冬期施工的方法、工程进度计划、技术供应计划、施工劳动力供应计划、能源供应计划;冬期施工的总平面布置图(包括临建、交通、力能管线布置等)、防火安全措施、劳动用品;冬期施工安全措施,冬期施工各项安全技术经济指标和节能措施。

(2)组织好冬期施工安全教育培训。

应根据冬期施工的特点,重新调整好机构和人员,并制定好岗位责任制,加强安全生产管理。

(3)物资准备。

物资准备的内容如下:外加剂、保温材料;测温表计及工器具、劳保用品;现场管理和技术管理的表格、记录本;燃料及防冻油料;电热物资等。

(4)施工现场的准备。

①场地要在土方冻结前平整完工,道路应畅通,并有防止路面结冰的具体措施。

②提前组织有关机具、外加剂、保温材料等实物进场。

③生产上水系统应采取防冻措施,并设专人管理,生产排水系统应畅通。

④搭设加热用的锅炉房、搅拌站,敷设管道,对锅炉房进行

试压，对各种加热材料、设备进行检查，确保安全可靠；蒸汽管道应保温良好，保证管路系统不被冻坏。

⑤按照规划落实职工宿舍、办公室等临时设施的取暖措施。

### 5. 冬期施工安全措施

(1)人工破碎冻土应当注意的安全事项：

①注意去掉楔头打出的飞刺，以免飞出伤人。

②掌铁楔的人与掌锤的人不能脸对着脸，应当互成90°。

(2)机械挖掘时应当采取措施注意行进和移动过程的防滑，在坡道和冰雪路面应当缓慢行驶，上坡时不得换档，下坡时不得空档滑行，冰雪路面行驶不得急刹车。发动机应当搞好防冻，防止水箱冻裂。在边坡附近使用、移动机械应注意边坡可承受的荷载，防止边坡坍塌。

(3)针热法融解冻土应防止管道和外溢的蒸汽、热水烫伤作业人员。

(4)电热法融解冻土时应注意的安全事项：

①此法进行前，必须有周密的安全措施。

②应由电气专业人员担任通电工作。

③电源要通过有计量器、电流、电压表、保险开关的配电盘。

④工作地点要设置危险标志，通电时严禁靠近。

⑤进入警戒区内工作时，必须先切断电源。

⑥通电前工作人员应退出警戒区，再行通电。

⑦夜间应有足够的照明设备。

⑧当含有金属夹杂物或金属矿石的冻结土时，禁止采用电热法。

(5)采用烘烤法融解冻土时，会出现明火，由于冬天风大、干燥，易引起火灾。因此，应注意以下安全事项：

①施工作业现场周围不得有可燃物。

②制定严格的责任制，在施工地点安排专人值班，务必做到有火就有人，不能离岗。

③现场要准备一些砂子或其他灭火物品，以备不时之需。

(6)春融期间在冻土地基上施工。

春融期间开工前必须进行工程地质勘察，以取得地形、地貌、地物、水文及工程地质资料，确定地基的冻结深度和土的融沉类别。对有坑洼、沟槽、地物等特殊地貌的建筑场地应加点测定。开工后，对坑槽沟边坡和固壁支撑结构应当随时进行检查，深基坑应当派专人进行测量、观察边坡情况，如果发现边坡有裂缝、疏松、支撑结构折断、走动等危险征兆，应当立即采取措施。

(7)脚手架、马道要有防滑措施，及时清理积雪，外脚手架要经常检查加固。

(8)现场使用的锅炉、火炕等用焦炭时，应有通风条件，防止煤气中毒。

(9)防止亚硝酸钠中毒。

亚硝酸钠是冬期施工常用的防冻剂、阻锈剂，人体摄入10mg亚硝酸钠，即可导致死亡。由于外观、味道、溶解性等许多特征与食盐极为相似，很容易误作为食盐食用，导致中毒事故。要采取措施，加强使用管理，以防误食。

①使用前应当召开培训会，让有关人员学会辨认亚硝酸钠(亚硝酸钠为微黄或无色，食盐为纯白)。

②工地应当挂牌，明示亚硝酸钠为有毒物质。

③设专人保管和配制，建立严格的出入库手续和配制使用程序。

(11)大雪、轨道电缆结冰和六级以上大风等恶劣天气，应当停止垂直运输作业，并将吊笼降到底层(或地面)，切断电源。

(12)风雪过后作业,应当检查安全保险装置并先试吊,确认无异常方可作业。

(13)井字架、龙门架、塔机等缆风绳地锚应当埋置在冻土层以下,防止春季冻土融化,地锚锚固作用降低,地锚拔出,造成架体倒塌事故。

(14)塔机路轨不得铺设在冻胀性土层上,防止土壤冻胀或春季融化,造成路基起伏不平,影响塔机的使用,甚至发生安全事故。

## 6.冬期施工防火要求

冬期施工现场使用明火处较多,管理不善很容易发生火灾,必须加强用火管理。

(1)施工现场临时用火,要建立用火证制度,由工地安全负责人审批。用火证当日有效,用后收回。

(2)明火操作地点要有专人看管。看火人的主要职责:注意清除火源附近的易燃、易爆物,不易清除时,可用水浇湿或用阻燃物覆盖;检查高层建筑物脚手架上的用火,焊接作业要有石棉防护,或用接火盘接住火花;检查消防器材的配置和工作状态情况,落实保温防冻措施;检查木工棚、库房、喷漆车间、油漆配料车间等场所,不得用火炉取暖,周围15m内不得有明火作业;施工作业完毕后,对用火地点详细检查,确保无死灰复燃,方可撤离岗位。

(3)易燃、可燃材料的使用及管理。

①使用可燃材料进行保温的工程,必须设专人进行监护、巡逻检查。人员的数量应根据使用可燃材料的数量、保温的面积而定。

②合理安排施工工序及网络图,一般是将用火作业安排在

前，保温材料安排在后。

③保温材料定位以后，禁止一切用火、用电作业，特别禁止下层进行保温作业，上层进行用火、用电作业。

④照明线路、照明灯具应远离可燃的保温材料。

⑤保温材料使用完以后，要随时进行清理，集中进行存放保管。

（4）冬期消防器材的保温防冻。

①室外消火栓。冬期施工工地，应尽量安装地下消火栓，在入冬前应进行一次试水，加少量润滑油，消火栓用草帘、锯末等覆盖，做好保温工作，以防冻结。冬天下雪时，应及时扫除消火栓上的积雪，以免雪化后将消火栓井盖冻住。高层临时消防水管应进行保温或将水放空，消防水泵内应考虑采暖措施，以免冻结。

②消防水池。入冬前，应做好消防水池的保温工作，随时进行检查，发现冻结时应进行破冻处理。一般方法是在水池上盖上木板，木板上再盖上不小于 40～50cm 厚的稻草、锯末等。

③轻便消防器材。入冬前应将泡沫灭火器、清水灭火器等放入有采暖的地方，并套上保温套。

# 第5部分　现场施工劳动保护及安全防护

## 一、劳动防护用品

劳动防护用品，是指劳动者在劳动过程中为免遭或减轻事故伤害或职业危害所配备的防护装备，是为从事建筑施工作业的人员和进入施工现场的其他人员配备的个人防护装备。

### 1. 劳动防护用品管理

(1)劳动防护用品采购规定。

①建筑施工企业应建立健全劳动防护用品购买、验收、保管、发放、使用、更换、报废管理制度。同时应建立相应的劳动防护用品管理台账，管理台账保存期限不得少于两年，以保证劳动防护用品的质量具有可追溯性。

②企业应建立劳动防护用品合格分供方名册，查验劳动防护用品生产厂家或供货商的生产、经营资格，验明劳动防护用品的合格证明、“CCC”证或生产许可证、法定检验机构出具的检验报告等相关质量证明资料齐全；劳动防护用品必须符合国家标准或行业标准，同时劳动防护用品必须有安全标志。不能提供全部上述劳动防护用品资料者不得采购。

(2)劳动防护用品验收规定。

①施工企业采购个人使用的安全帽、安全带及其他劳动防护用品等，必须符合GB 2811《安全帽》、GB 6095《安全带》及其他劳动保护用品相关现行国家标准的要求，不得采购和使用无

厂家名称、无产品合格证、无安全标志的劳动防护产品。

②施工企业采购的安全帽、安全带及其他劳动防护用品，必须经公司安全生产技术部门检查、验收合格且在使用有效期内，方可办理入库手续。

③进货单位应按批量对安全帽冲击吸收性能、耐穿刺性能、垂直间距、佩戴高度标识及标识中声明的符合标准规定的特殊技术性能或相关方约定的项目进行检测，无检验能力的单位应到有资质的第三方实验室进行检验。检验项目必须全部合格。见表 5-1。

表 5-1　安全帽的批量检测

| 批量范围 | ＜500 | ≥500～5000 | ≥5000～50000 | ≥50000 |
|---|---|---|---|---|
| 样本大小 | 1×$n$ | 2×$n$ | 3×$n$ | 4×$n$ |

注：$n$ 为满足检验需求的顶数，应符合 GB2811－2007《安全帽》的规定。

(3)劳动防护用品的使用年限及报废条件规定。

①劳动防护用品的使用年限应按现行国家相关标准执行。劳动防护用品达到使用年限或报废标准，在使用过程中失效、破损、变质的劳动防护用品，要停止使用，并做报废处理。用人单位必须按照规定要求和产品使用期限，及时更换到期的产品，并为作业人员配备新的劳动防护用品。劳动防护用品有定期检测要求的应按照其产品的检测周期进行检测。

②劳动防护用品的使用年限及报废条件规定。

a. 安全帽。

(a)安全帽在经受严重冲击后，即使没有明显损坏，也必须更换。

(b)安全帽的报废判别条件和保质期限按制造商产品说明执行，保质期限按出厂日期计算。

b. 安全带。

使用频繁的安全绳，要经常做外观检查。发现异常时应立即更换新绳。带子的使用期为3～5年，发现异常应提前报废。安全带使用两年后，应按批量购入情况抽检一次。若合格，该批安全带可继续使用，对抽试过的样带，必须更换安全绳后才能继续使用。

c. 安全网。

施工现场使用的安全网的质量必须符合标准要求，并要定期进行抽样检测试验，对检测试验不合格的安全网要坚决报废，不得使用。

## 2. 劳动防护用品使用管理

（1）企业应教育从业人员按照劳动防护用品使用规定和防护要求，正确使用劳动防护产品。

（2）企业应当向作业人员提供安全防护用具和安全防护服装，并书面告知危险岗位的操作规程和违章操作的危害。

（3）企业应加强对施工作业人员劳动防护用品使用情况的检查，并对施工作业人员劳动防护用品的质量和正确使用负责。实行施工总承包的工程项目，施工总承包企业应加强对施工现场内所有施工作业人员劳动防护用品的监督检查，督促相关分包企业和人员正确使用劳动防护用品。作业人员应当遵守安全施工的强制性标准、规章制度和操作规程，正确使用安全防护用具、机械设备等。

（4）作业人员有接受安全教育培训的权利，有按照工作岗位规定使用合格的劳动防护用品的权利，有拒绝违章指挥、拒绝使用不合格劳动防护用品的权利。同时，也负有正确使用劳动防护用品的义务。

(5)建筑施工企业应对危险性较大的施工作业场及具有尘毒危害的作业环境设置安全警示标志及应使用的安全防护用品标识牌。

(6)作业人员在劳动防护用品使用前,应对其防护功能进行必要的检查。企业应对作业人员劳动防护用品的使用情况进行监督检查。

### 3. 劳动防护用品配备的基本规定

(1)从事施工作业人员必须配备符合现行国家有关标准的劳动防护用品,并应按规定正确使用。

(2)劳动防护用品的配备,应按照“谁用工,谁负责”的原则,由用人单位为作业人员按作业工种配备。劳动防护用品必须以实物形式发放,不得以货币或其他物品替代。

(3)进入施工现场的施工人员和其他人员,应正确佩戴相应的劳动防护用品,以确保施工过程中的安全和健康。

(4)进入施工现场人员必须佩戴安全帽。作业人员必须戴安全帽,穿工作鞋和工作服,应按作业要求正确使用劳动防护用品。在2m及以上的无可靠安全防护设施的高处、悬崖和陡坡作业时,必须系挂安全带。

(5)从事机械作业的女士及长发者应配备工作帽等个人防护用品。

(6)从事登高架设作业、起重吊装作业的施工人员应配备防止滑落的劳动防护用品,应为从事自然强光环境下作业的施工人员配备防止强光伤害的劳动防护用品。

(7)从事施工现场临时用电工程作业的施工人员应配备防止触电的劳动防护用品。

(8)从事焊接作业的施工人员应配备防止触电、灼伤、强光伤害的劳动防护用品。

(9)从事锅炉、压力容器、管道安装作业的施工人员应配备防止触电、强光伤害的劳动防护用品。

(10)从事防水、防腐和油漆作业的施工人员应配备防止触电、中毒、灼伤的劳动防护用品。

(11)从事基础施工、主体结构、屋面施工、装饰装修作业人员应配备防止身体、手足、眼部等受到伤害的劳动防护用品。

(12)冬期施工期间或作业环境温度较低的,应为作业人员配备防寒类防护用品。

(13)雨期施工期间应为室外作业人员配备雨衣、雨鞋等个人防护用品。对环境潮湿及水中作业的人员应配备相应的劳动防护用品。

## 4. 劳动防护用品分类

(1)头部防护类:安全帽、工作帽。

(2)眼、面部防护类:护目镜、防护罩(分防冲击型、防腐蚀型、防辐射型等)。

(3)听觉、耳部防护类:耳塞、耳罩、防噪声帽等。

(4)呼吸器官防护类:防毒面具、防尘口罩等。

(5)手部防护类:防腐蚀、防化学药品手套,绝缘手套,搬运手套,防火防烫手套等。

(6)足部防护类:绝缘鞋、保护足趾安全鞋、防滑鞋、防油鞋、防静电鞋等。

(7)防护服类:防火服、防烫服、防静电服、防酸碱服等。

(8)防坠落类:安全带、安全绳等。

(9)防雨、防寒服装及专用标志服装,一般工作服装。

### 5. 劳动防护用品的配备

(1)架子工、起重吊装工、信号指挥工的劳动防护用品配备。

①架子工、塔式起重机操作人员、起重吊装工应配备灵便紧口的工作服、系带防滑鞋和工作手套。

②信号指挥工应配备专用标志服装。在自然强光环境条件作业时,应配备有色防护眼镜。

(2)电工的劳动防护用品配备。

①维修电工应配备绝缘鞋、绝缘手套和灵便紧口工作服。

②安装电工应配备手套和防护眼镜。

③高压电气作业时,应配备相应等级的绝缘鞋、绝缘手套和有色防护眼镜。

(3)电焊工、气割工的劳动防护用品配备。

①电焊工、气割工应配备阻燃防护服、绝缘鞋、鞋盖、电焊手套和焊接防护面罩。在高处作业时,应配备安全帽与面罩连接式焊接防护面罩和阻燃安全带。

②从事清除焊接作业时,应配备防护眼镜。

③从事磨削钨极作业时,应配备手套、防尘口罩和防护眼镜。

④从事酸碱等腐蚀性作业时,应配备防腐蚀性工作服、耐酸碱胶鞋、耐酸碱手套、防护口罩和防护眼镜。

⑤在密闭环境中或通风不良的环境下,应配备送风式防护面罩。

(4)锅炉、压力容器及管道安装工的劳动防护用品配备。

①锅炉及压力容器安装工、管道安装工应配备紧口工作服和保护足趾安全鞋。在强光环境条件作业时,应配备有色防护眼镜。

②在地下或潮湿场所，应配备紧口工作服、绝缘鞋和绝缘手套。

(5)油漆工的劳动防护用品配备。

油漆工在从事涂刷、喷漆作业时，应配备防静电工作服、防静电鞋、防静电手套、防毒口罩和防护眼镜；从事砂纸打磨作业时，应配备防尘口罩和密闭式防护眼镜。

(6)普通工的劳动防护用品配备。

普通工在从事淋灰、筛灰作业时，应配备高腰工作鞋、鞋盖、手套和防尘口罩、防护眼镜；从事抬、扛物料作业时，应配备垫肩；从事人工挖、扩桩孔作业时，井孔下作业人员应配备雨靴、手套和安全绳；从事拆除工作时，应配备保护足趾安全鞋、手套。

(7)混凝土工的劳动防护用品配备。

混凝土工应配备工作服、系带高腰防滑鞋、鞋盖、防尘口罩和手套，宜配备防护眼镜；从事混凝土浇筑作业时，应配备胶鞋和手套；从事混凝土振捣作业时，应配备绝缘胶鞋、绝缘手套。

(8)瓦工、砌筑工的劳动防护用品配备。

瓦工、砌筑工应配备保护足趾安全鞋，胶面手套和普通工作服。

(9)抹灰工的劳动防护用品配备。

抹灰工应配备高腰布面脚底防滑鞋和手套，宜配备防护眼镜。

(10)磨石工的劳动防护用品配备。

磨石工应配备紧口工作服、绝缘胶鞋、绝缘手套和防尘口罩。

(11)石工的劳动防护用品配备。

石工应配备紧口工作服、保护足趾安全鞋、手套和防尘口罩，宜配备防护眼镜。

(12)木工的劳动防护用品配备。

木工从事机械作业时,应配备紧口工作服、防噪声耳罩和防尘口罩,宜配备防护眼镜。

(13)钢筋工的劳动防护用品配备。

钢筋工应配备紧口工作服、保护足趾安全鞋和手套。从事钢筋除锈作业时,应配备防尘口罩,宜配备防护眼镜。

(14)防水工的劳动防护用品配备。

①从事涂刷作业时,应配备防静电工作服、防静电鞋和鞋盖、防护手套、防毒口罩和防护眼镜。

②从事沥青熔化、运送作业时,应配备防烫工作服、高腰布面胶底防滑鞋和鞋盖、工作帽、耐高温长手套、防毒口罩和防护眼镜。

(15)玻璃工的劳动防护用品配备。

玻璃工应配备工作服和防切割手套;从事打磨玻璃作业时,应配备防尘口罩,宜配备防护眼镜。

(16)司炉工的劳动防护用品配备。

司炉工应配备耐高温工作服、保护足趾安全鞋、工作帽、防护手套和防尘口罩,宜配备防护眼镜;从事添加燃料作业时,应配备有色防冲击眼镜。

(17)钳工、铆工、通风工的劳动防护用品配备。

①从事使用锉刀、刮刀、錾子、扁铲等工具作业时,应配备紧口工作服和防护眼镜。

②从事剔凿作业时,应配备手套和防护眼镜;从事搬抬作业时,应配备保护足趾安全鞋和手套。

③从事石棉、玻璃棉等含尘毒材料作业时,操作人员应配备防异物工作服、防尘口罩、风帽、风镜和薄膜手套。

(18)筑炉工的劳动防护用品配备。

筑炉工从事磨砖、切砖作业时，应配备紧口工作服、保护足趾安全鞋、手套和防尘口罩，宜配备防护眼镜。

(19)电梯安装工、起重机械安装拆卸工的劳动防护用品配备。

电梯安装工、起重机械安装拆卸工从事安装、拆卸和维修作业时，应配备紧口工作服、保护足趾安全鞋和手套。

(20)其他人员的劳动防护用品配备。

①从事电钻，砂轮等手持电动工具作业时，应配备绝缘鞋、绝缘手套和防护眼镜。

②从事蛙式夯实机，振动冲击夯实作业时，应配备具有绝缘功能的保护足趾安全鞋，绝缘手套和防噪声耳塞(耳罩)。

③从事可能飞溅渣屑的机械设备作业时，应配备防护眼镜。

④从事地下管道检修作业时，应配备防毒面罩、防滑鞋(靴)和工作手套。

## 6. 劳动防护用品使用基本要求

(1)安全帽。

①进入施工区域的所有人员，必须正确佩戴安全帽。

②安全帽质量应符合现行国家标准 GB 2811－2007《安全帽》的规定。

③安全帽由帽壳、帽衬、下颏带、附件组成。不准使用缺衬、缺带及破损的安全帽。

④安全帽的质量：普通安全帽不超过 430g；防寒安全帽不超过 600g。

⑤安全帽的佩戴。

a. 佩戴安全帽时，帽箍底部至头顶最高点的轴向距离，应为 80～90mm。

b. 佩戴安全帽时，头顶最高点至帽壳内侧最高点的垂直间距应<50mm。

c. 帽沿<70mm。

d. 佩戴安全帽时，必须系好下颏带。

⑥安全帽的基本技术性能有：冲击吸收性能、耐穿刺性能、下颏带的强度。

⑦安全帽的特殊技术性能有：防静电性能、电绝缘性能、侧向刚性、阻燃性能、耐低温性能。

(2)安全带。

①凡在坠落高度距基准面 2m(含 2m)以上施工作业，在无法采取可靠防护措施的情况下，必须正确使用安全带。

②安全带应符合现行国家标准 GB 6095－2009《安全带》的规定。

③安全带按作业类别分为围杆作业安全带、区域限制安全带、坠落悬挂安全带。

④坠落悬挂安全带的安全绳同主带的连接点应固定于佩戴者的后背、后腰或胸前，不应位于腋下、腰侧或腹部。

⑤旧产品应按 GB/T 6096－2009《安全带测试方法》中 4.2 规定的方法进行静态负荷测试，当主带或安全绳的破坏负荷低于 15kN 时，该批安全带应报废或更换相应部件。

⑥安全带主带扎紧扣应可靠，不能意外开启。主带应是整根，不能有接头。主带宽度不应小于 40mm，辅带宽度不应小于 20mm。

⑦安全绳(包括未展开的缓冲器)有效长度不应大于 2m，有两根安全绳(包括未展开的缓冲器)的安全带，其单根有效长度不应大于 1.2m。

⑧禁止将安全绳用作悬吊绳。悬吊绳与安全绳禁止共用连

接器。

⑨所有绳在构造上和使用过程中不应打结。

(3)安全网。

①安全网应符合现行国家标准 GB 5725—2009《安全网》的规定。

②安全网是用来防止人、物坠落，或用来避免、减轻坠落及物击伤害的网具。安全网按功能分为安全平网、安全立网及密目式安全立网。

③施工现场使用的密目式安全立网应选用绿色或蓝色，安全网应定期清理，保持整齐、清洁。

④阻燃型平(立)网按规定的方法进行测试，续燃、阻燃时间均不应大于 4s，外观要求缝线无跳针，无断纱缺陷。

⑤安全网一般由网体、边绳、系绳等组成。密目网一般由网体、开眼环扣、边绳和附加系绳组成。

⑥在有坠落风险的场所使用的密目式安全立网，使用 A 级密目式安全立网；在没有坠落风险或配合安全立网(护栏)完成坠落保护功能的密目式安全立网，使用 B 级密目式安全立网。

⑦单张平(立)网质量不宜超过 15kg。

⑧平(立)网的系绳与网体应牢固连接，各系绳沿网边均匀分布，相邻两系绳间距不应大于 75cm，系绳长度不小于 80cm。当筋绳加长用作系绳时，其系绳部分必须加长，且与边绳系紧后，再折回边绳系紧，至少形成双根。

⑨平(立)网如有筋绳，则筋绳分布应合理，平网上两根相邻筋绳的距离不应小于 30cm。

⑩按规定进行绳断裂强力测试，平(立)网的绳断裂强力应符合表 5-2 的规定。

表 5-2 平(立)网的绳断裂强力

| 网类别 | 绳类别 | 绳断裂强力要求(N) |
|---|---|---|
| 安全网别 | 边绳 | ≥7000 |
| | 网绳 | ≥3000 |
| | 筋绳 | ≤3000 |
| 安全立网 | 边绳 | ≥3000 |
| | 网绳 | ≥2000 |
| | 筋绳 | ≤3000 |

⑪按规定的方法进行耐冲击性能测试,平(立)网的耐冲击性能应符合表 5-3 的规定。

表 5-3 平(立)网的耐冲击性能

| 安全网类别 | 平网 | 立网 |
|---|---|---|
| 冲击高度 | 7m | 2m |
| 测试结果 | 网绳、边绳、系绳不断裂,测试重物不应接触地面 | 网绳、边绳、系绳不断裂,测试重物不应接触地面 |

⑫安全网的基本性能有:断裂强力×断裂伸长、接缝部位抗拉强力、梯形法撕裂强力、耐贯穿性能、耐冲击性能、耐腐蚀性能、阻燃性能、耐老化性能。

⑬安全网应由专人保管发放,如暂不使用,应存放在通风、避光、隔热、无化学品污染的仓库或专用场所。

## 二、现场施工安全标志

### 1. 安全标志

(1)安全标志的含义。

根据 GB 2894—2008《安全标志及其使用导则》,安全标志是指用以表达特定安全信息的标志，由图形符号、安全色、几何形状（边框）或文字构成。

安全标志是向工作人员警示工作场所或周围环境的危险状况，指导人们采取合理行为的标志。安全标志能够提醒工作人员预防危险，从而避免事故发生；当危险发生时，能够指示人们尽快逃离，或者指示人们采取正确、有效、得力的措施，对危害加以遏制。安全标志不仅类型要与所警示的内容相吻合，而且设置位置要正确合理，否则就难以真正充分发挥其警示作用。

GB 13495.1—2015《消防安全标志 第 1 部分：标志》国家标准于 2015 年 8 月 1 日起正式实施。

（2）安全标志的构成。

根据国家标准规定，安全标志由安全色、几何图形和文字、符号构成。

（3）相关分类。

安全标志从内容上可分为禁止标志、警告标志、指令标志和提示标志等。

禁止标志：禁止人们不安全行为。

警告标志：提醒人们注意周围环境，避免可能发生的危险。

指令标志：强制人们必须做出某种动作或采用某种防范措施。

提示标志：向人们提供某一信息，如标明安全设施或安全场所。

（4）施工现场常用安全标志。

①禁止系列（红色）。

禁止吸烟、禁止烟火、禁带火种、禁止机动车通行、禁止放易燃物、禁止用水灭火、禁止启动、禁止合闸、修理时禁止转动、转动时禁止加油、禁止触摸、禁止通行、禁止跨越、禁止攀登、禁止跳下、禁止入内、禁止停留、禁止靠近、禁止吊篮乘人、禁止堆放、禁止架梯、禁止抛物、禁止戴手套、禁止酒后上岗、禁止穿带钉鞋、禁止驶入、禁止单扣吊装、禁止停车、有人工作禁止合闸。

②警告标志(黄色)。

注意安全、当心火灾、当心爆炸、当心腐蚀、当心中毒、当心化学反应、当心触电、当心电缆、当心机械伤人、当心伤手、当心吊物、当心坠落、当心落物、当心扎脚、当心车辆、当心塌方、当心坑洞、当心烫伤、当心弧光、当心铁屑伤人、当心滑跌、当心绊倒、当心碰头、当心夹手、有电危险、止步、高压危险。

③指令系列(蓝色)。

必须保持清洁、必须戴防护眼镜、必须戴好防尘口罩、必须戴好安全帽、必须戴好防护帽、必须戴好护耳器、必须戴好防护手套、必须穿好防护靴、必须系好安全带、必须穿好工作服、必须穿好防护服、必须用防护装置、必须用防护屏、必须走上方通道、必须用防护网罩。

④提示系列(绿色)。

紧急出口、安全通道、安全楼梯。

## 2. 安全色及对比色

(1)安全色包括四种颜色,即:红色,黄色,蓝色,绿色。

(2)安全色的含义及用途。

①红色表示禁止、停止意思。禁止、停止和有危险的器件设备或环境涂以红色标记。如禁止标志,交通禁令标志,消防设备。

②黄色表示注意、警告的意思。需警告人们注意的器件、设备或环境涂以黄色标记。如警告标志,交通警告标志,交通禁令标志,消防设备。

③蓝色表示指令、必须遵守的意思。如指令标志必须佩带

个人防护用具，交通知识标志等。

④绿色表示通行、安全和提供信息的意思。可以通行或安全情况涂以绿色标记。如表示通行，机器，启动按钮，安全信号旗等。

(3)对比色的含义。

对比色是人的视觉感官所产生的一种生理现象，是视网膜对色彩的平衡作用。在色相环中每一个颜色对面(180°对角)的颜色，称为"对比色(互补色)"。把对比色放在一起，会给人强烈的排斥感。若混合在一起，会调出浑浊的颜色。如：红与绿，蓝与橙，黄与紫互为对比色。

也可以这样定义对比色：两种可以明显区分的色彩，叫对比色。它包括色相对比、明度对比、饱和度对比、冷暖对比、补色对比、色彩和消色的对比等。对比色是构成明显色彩效果的重要手段，也是赋予色彩以表现力的重要方法。其表现形式又有同时对比和相继对比之分。比如黄和蓝、紫和绿、红和青，任何色彩和黑、白、灰，深色和浅色，冷色和暖色，亮色和暗色都是对比色关系。

补色是指在色谱中一原色和与其相对应的间色间所形成的互为补色关系。原色有三种，即红、黄、蓝，它们是不能再分解的色彩单位。三原色中每两组相配而产生的色彩称之为间色，如红加黄为橙色，黄加蓝为绿色，蓝加红为紫色，橙、绿、紫称为间色。红与绿、橙与蓝、黄与紫就是互为补色的关系。由于补色有强烈的分离性，故在色彩绘画的表现中，在适当的位置恰当地运用补色，不仅能加强色彩的对比，拉开距离感，而且能表现出特殊的视觉对比与平衡效果。

(4)施工现场常用的对比色。

①对比色有黑白两种颜色，黄色安全色的对比色为黑色。

红、蓝、绿安全色的对比色均为白色。而黑、白两色互为对比色。

②黑色用于安全标志的文字,图形符号,警告标志的集合图形和公共信息标志。

③白色则作为安全标志中红、蓝、绿色安全色的背景色,也可用于安全标志的文字和图形符号及安全通道,交通的标线及铁路站台上的安全线等。

④红色与白色相间的条纹比单独使用红色更加醒目,表示禁止通行、禁止跨越等,用于公路交通等方面的防护栏及隔离墩。

⑤黄色与黑色相间的条纹比单独使用黄色更为醒目,表示要特别注意。用于起重吊钩,剪板机压紧装置,冲床滑块等。

⑥蓝色与白色相间的条纹比单独使用蓝色醒目,用于指示方向,多为交通指导性导向标。

(5)安全色与对比色相间条纹。

①安全色与对比色相间的条纹宽度应相等,即各占50%,斜度与基准面成45°。宽度一般为100mm,但可根据设备大小和安全标志位置的不同,采用不同的宽度,在较小的面积上其宽度可适当地缩小,每种颜色不能小于两条。

②目前对防护栏杆一般设置为红色与白色相间条纹,这种条纹表达的意思为:表示禁止或提示消防设备、设施位置的安全标志。

③黄色黑色相间条纹的表达意思:表示危险位置的安全标志。

其中的红色表示:传递禁止、停止、危险或提示消防设备、设施的信息。

其中的黄色表示:传递注意、警告的信息。

④蓝色和白色的条纹:表示必须遵守的信息。

⑤绿色和白色的条纹:与提示标志牌同时使用,更为醒目地提示人民。

(6)安全线。

工矿企业中用以划分安全区域与危险区域的分界线。厂房内安全通道的表示线,铁路站台上的安全线都是常见的安全线。根据国家有关规定,安全线使用白色,宽度不小于60mm。在生产过程中,有了安全线的标示,我们就能区分安全区域和危险区域,有利于我们对安全区域和危险区域的认识和判断。

### 3. 安全标志的设置

(1)设置要求。

在设置安全标志方面,相关法律法规已有诸多规定。例如《建设工程安全生产管理条理》第二十八条规定,施工单位应当在施工现场入口处,施工起重机械,临时用电设施,脚手架出入通道口,楼梯口,电梯井口,孔洞口,桥梁口,隧道口,基坑边沿,爆破物及有害危险气体和液体存放处等危险部位,设置明显的安全警示标志。安全警示标志必须符合国家标准。

(2)安全标志的安装位置。

①防止危害。首先要考虑所有标志的安装位置都不可存在对人的危害。

②可视性。标志安装位置的选择很重要,标志上显示的信息不仅要正确,而且对所有的观察者要清晰易读。

③安装高度。通常标志应安装于观察者水平视线稍高一点的位置,但有些情况置于其他水平位置则是适当的。

④危险和警告标志。危险和警告标志应设置在危险源前方足够远处,以保证观察者在首次看到标志及注意到此危险时有充足的时间,这一距离随不同情况而变化。例如,警告不

要接触开关或其他电气设备的标志，应设置在它们近旁，而大厂区或运输道路上的标志，应设置于危险区域前方足够远的位置，以保证在到达危险区之前就可观察到此种警告，从而有所准备。

⑤安全标志不应设置于移动物体上，例如门，因为物体位置的任何变化都会造成对标志观察变得模糊不清。

⑥已安装好的标志不应被任意移动，除非位置的变化有益于标志的警示作用。

(3)安全标志的使用。

①危险标志只安装于存在直接危险的地方，用来表明存在危险。

②禁止标志用符号或文字的描述来表示一种强制性的命令，以禁止某种行为。

③警告标志通过符号或文字来指示危险，表示必须小心行事，或用来描述危险属性。

④安全指示标志用来指示安全设施和安全服务所在的位置，并且在此处给出与安全措施相关的主要安全说明和建议。

⑤消防标志用于指明消防设施和火灾报警的位置，及指明如何使用这些设施。

⑥方向标志用于指明正常和紧急出口，火灾逃逸和安全设施，安全服务及卫生间的方向。

⑦交通标志用于向工作人员表明与交通安全相关的指示和警告。

⑧信息标志用于指示出特殊属性的信息，如停车场、仓库或电话间等。

⑨强制性行动标志用于表示须履行某种行为的命令以及需要采取的预防措施。例如，穿戴防护鞋、安全帽、眼罩等。

(4)安全标志的维护与管理。

为了有效地发挥标志的作用,应对其定期检查,定期清洗,发现有变形、损坏、变色、图形符号脱落、亮度老化等现象存在时,应立即更换或修理,从而使之保持良好状况。安全管理部门应做好监督检查工作,发现问题,及时纠正。

另外要经常性地向工作人员宣传安全标志使用的规程,特别是那些需要遵守预防措施的人员,当建议设立一个新标志或变更现存标志的位置时,应提前通告员工,并且解释其设置或变更的原因,从而使员工心中有数,只有综合考虑了这些问题,设置的安全标志才有可能有效地发挥安全警示的作用。

(5)安全标志的设置方式。

①高度。

安全标志牌的设置高度应与人眼的视线高度一致,禁止烟火、当心坠物等环境标志牌下边缘距离地面高度不能小于2m;禁止乘人、当心伤手、禁止合闸等局部信息标志牌的设置高度应视具体情况确定。

②角度。

标志牌的平面与视线夹角应接近90°,观察者位于最大观察距离时,最小夹角不低于75°。

③位置。

标志牌应设在与安全有关的醒目和明亮地方,并使大家看见后,有足够的时间来注意它所代表的内容。环境信息标志宜设在有关场所的入口处和醒目处;局部信息标志应设在所涉及的相应危险地点或设备(部件)附近的醒目处。标志牌一般不宜设置在可移动的物体上,以免这些物体位置移动后,看不见安全标志。标志牌前不得放置妨碍认读的障碍物。

④顺序。

同一位置必须同时设置不同类型的多个标志牌时，应当按照警告、禁止、指令、提示的顺序，先左后右，先上后下的排列设置。

⑤固定。

建筑施工现场设置的安全标志牌的固定方式主要为附着式、悬挂式两种。在其他场所也可采用柱式。悬挂式和附着式的固定应稳固不倾斜，柱式的标志牌和支架应牢固地连接在一起。

(6)建筑施工现场常用安全标志

①禁止标志。

建筑工程施工现场禁止标志应符合表5-4的规定。

表5-4 禁止标志

| 序号 | 名称 | 图形符号 | 设置范围和地点 |
| --- | --- | --- | --- |
| 1 | 禁止通行 | 禁止通行 | 封闭施工区域或有潜在危险的区域 |
| 2 | 禁止停留 | 禁止停留 | 存在对人体有危害因素的作业场所 |
| 3 | 禁止跨越 | 禁止跨越 | 施工沟槽等禁止跨越的场所 |
| 4 | 禁止跳下 | 禁止跳下 | 脚手架等禁止跳下的场所 |

续表

| 序号 | 名称 | 图形符号 | 设置范围和地点 |
| --- | --- | --- | --- |
| 5 | 禁止入内 |  禁止入内 | 禁止非工作人员入内和易造成事故或对人员产生伤害的场所 |
| 6 | 禁止吊物下通行 |  禁止吊物下通行 | 有吊物或吊装操作的场所 |
| 7 | 禁止攀登 |  禁止攀登 | 禁止攀登的桩机、变压器等危险场所 |
| 8 | 禁止靠近 |  禁止靠近 | 禁止靠近的变压器等危险区域 |
| 9 | 禁止乘人 |  禁止乘人 | 禁止乘人的货物提升设备 |
| 10 | 禁止踩踏 |  禁止踩踏 | 禁止踩踏的现浇混凝土等区域 |
| 11 | 禁止吸烟 |  禁止吸烟 | 禁止吸烟的木工加工场等场所 |

续表

| 序号 | 名称 | 图形符号 | 设置范围和地点 |
| --- | --- | --- | --- |
| 12 | 禁止烟火 |  禁止烟火 | 禁止烟火的油罐、木工加工场等场所 |
| 13 | 禁止放易燃物 |  禁止放易燃物 | 禁止放易燃物的场所 |
| 14 | 禁止用水灭火 |  禁止用水灭火 | 禁止用水灭火的发电机、配电房等场所 |
| 15 | 禁止启闭 |  禁止启闭 | 禁止启闭的电器设备处 |
| 16 | 禁止合闸 |  禁止合闸 | 禁止电气设备及移动电源开关处 |
| 17 | 禁止转动 |  禁止转动 | 检修或专人操作的设备附近 |
| 18 | 禁止触摸 |  禁止触摸 | 禁止触摸的设备或物体附近 |

续表

| 序号 | 名称 | 图形符号 | 设置范围和地点 |
|---|---|---|---|
| 19 | 禁止戴手套 | 禁止戴手套 | 戴手套易造成手部伤害的作业地点 |
| 20 | 禁止堆放 | 禁止堆放 | 堆放物资影响安全的场所 |
| 21 | 禁止碰撞 | 禁止碰撞 | 易有燃气积聚，设备碰撞发生火花易发生危险的场所 |
| 22 | 禁止挂重物 | 禁止挂重物 | 挂重物易发生危险的场所 |
| 23 | 禁止挖掘 | 禁止挖掘 | 有地下设施的禁止挖掘的区域 |

②警告标志。

建筑工程施工现场警告标志应符合表 5-5 的规定。

表 5-5　　警告标志

| 序号 | 名称 | 图形符号 | 设置范围和地点 |
| --- | --- | --- | --- |
| 1 | 注意安全 |  注意安全 | 易造成人员伤害的场所 |
| 2 | 当心爆炸 |  当心爆炸 | 易发生爆炸危险的场所 |
| 3 | 当心火灾 |  当心火灾 | 易发生火灾的危险场所 |
| 4 | 当心触电 |  当心触电 | 有可能发生触电危险的场所 |
| 5 | 注意避雷 |  避雷装置<br>注意避雷 | 易发生雷电电击区域 |
| 6 | 当心电缆 |  当心电缆 | 电缆处埋设的施工区域 |
| 7 | 当心坠落 |  当心坠落 | 易发生坠落事故的作业场所 |
| 8 | 当心碰头 |  当心碰头 | 易碰头的施工区域 |
| 9 | 当心绊倒 |  当心绊倒 | 地面高低不平易绊倒的场所 |

续表

| 序号 | 名称 | 图形符号 | 设置范围和地点 |
| --- | --- | --- | --- |
| 10 | 当心障碍物 | 当心障碍物 | 地面有障碍物并易造成人员伤害的场所 |
| 11 | 当心跌落 | 当心跌落 | 建筑物边沿、基坑沿等易跌落场所 |
| 12 | 当心滑倒 | 当心滑倒 | 易滑倒场所 |
| 13 | 当心坑洞 | 当心坑洞 | 有坑洞易造成伤害的作业场所 |
| 14 | 当心塌方 | 当心塌方 | 有塌方危险区域 |
| 15 | 当心冒顶 | 当心冒顶 | 有冒顶危险的作业场所 |
| 16 | 当心吊物 | 当心吊物 | 有吊物作业的场所 |
| 17 | 当心伤手 | 当心伤手 | 易造成手部伤害的场所 |

续表

| 序号 | 名称 | 图形符号 | 设置范围和地点 |
| --- | --- | --- | --- |
| 18 | 当心机械伤人 | 当心机械伤人 | 易发生机械卷入、轧压、碾压、剪切等机械伤害的作业场所 |
| 19 | 当心扎脚 | 当心扎脚 | 易造成足部伤害的场所 |
| 20 | 当心落物 | 当心落物 | 易发生落物危险的区域 |
| 21 | 当心车辆 | 当心车辆 | 车、人混合行走的区域 |
| 22 | 当心噪声 | 当心噪声 | 噪音较大易对人体造成伤害的场所 |
| 23 | 注意通风 | 注意通风 | 通风不良的有限空间 |
| 24 | 当心飞溅 | 当心飞溅 | 有飞溅物质的场所 |
| 25 | 当心自动启动 | 当心自动启动 | 配有自动启动装置的设备处 |

③指令标志。

建筑工程施工现场指令标志应符合表5-6的规定。

表5-6 指令标志

| 序号 | 名称 | 图形符号 | 设置范围和地点 |
| --- | --- | --- | --- |
| 1 | 必须戴防毒面具 |  | 有毒挥发气体且通风不良的有限空间 |
| 2 | 必须戴防护面罩 |  | 有飞溅物质等对面部有伤害的场所 |
| 3 | 必须戴防耳罩 |  | 噪声较大易对人体造成伤害的场所 |
| 4 | 必须戴防护眼镜 |  | 有强光等对眼睛有伤害的场所 |
| 5 | 必须戴安全帽 |  | 施工场所 |
| 6 | 必须戴防护手套 |  | 具有腐蚀、灼烫、触电、刺伤等易伤害手部的场所 |
| 7 | 必须穿防护鞋 |  | 具有腐蚀、灼烫、触电、刺伤、砸伤等易伤害脚部的场所 |

续表

| 序号 | 名称 | 图形符号 | 设置范围和地点 |
|---|---|---|---|
| 8 | 必须系安全带 | 必须系安全带 | 高处作业的作业场所 |
| 9 | 必须消除静电 | 必须消除静电 | 有静电火花会导致灾害的场所 |
| 10 | 必须用防爆工具 | 必须用防爆工具 | 会导致爆炸的场所 |

④提示标志。

建筑工程施工现场提示标志应符合表 5-7 的规定。

表 5-7 提示标志

| 序号 | 名称 | 图形符号 | 设置范围和地点 |
|---|---|---|---|
| 1 | 动火区域 | 动火区域 | 施工现场划定的可使用明火的场所 |
| 2 | 应急避难场 | 应急避难场所 | 容纳危险区域内疏散人员的场所 |
| 3 | 避险处 | 避 险 处 | 躲避危险的场所 |

续表

| 序号 | 名称 | 图形符号 | 设置范围和地点 |
|---|---|---|---|
| 4 | 紧急出口 | 紧急出口 | 用于安全疏散的紧急出口处，与方向箭头结合设在通向紧急出口的通道处 |
| 5 | 辅助方向标志 | 紧急出口 紧急出口 避险处 | 提示标志目标及方向 |

⑤标线。

建筑工程施工现场标线宜符合表5-8的规定。

表5-8　标线

| 序号 | 颜色 | 图形 | 名称 | 设置范围和地点 |
|---|---|---|---|---|
| 1 | 黄色实线 | | 禁止跨越标线 | 危险区域的地面 |
| 2 | 黄黑斜斑线 | | 警告标线（斜线倾角为45°） | 易发生危险或可能存在危险的区域，设在固定设施或建（构）筑物上 |
| 3 | 红色斜斑线 | | 警告标线（斜线倾角为45°） | |
| 4 | 红黄斜斑线 | | 警告标线（斜线倾角为45°） | |
| 5 | 红色斑线 | | 警告标线 | 易发生危险或可能存在危险的区域，设在移动设施上 |
| 6 | 红色带字 | 高压危险 | 禁示带 | 危险区域 |

# 第6部分　现场施工消防安全常识

## 一、现场消防机构建设、人员配备、消防安全职责

### 1. 机构建设、人员配备

施工企业的消防保卫工作必须按照“谁主管，谁负责”的原则，确定一名主要领导负责此项工作。实行施工总承包的，由总承包负责。分包企业向总包企业负责，接受总承包企业的统一领导和监督检查。施工现场应根据工程规模，建立相应的保卫、消防组织，配备保卫、消防人员。

### 2. 消防安全职责

施工单位应当履行下列消防安全义务：

(1)制定并落实消防安全管理措施和消防安全操作规程。

(2)建立本项目消防安全责任考核奖惩制度。

(3)开展消防安全宣传教育和消防知识培训。

(4)进行经常性的内部防火安全检查，及时制止、纠正违法违章行为，发现并消除火灾隐患。

(5)按规定配备消防设施、器材并指定专人维护管理，保证消防设施、器材的正常有效使用。

(6)按规定设置安全疏散指示标志和应急照明设施，保证消防安全疏散指示标志、应急照明处于正常状态。

(7)保证疏散通道、安全出口畅通。不得占用疏散通道或在

疏散通道、安全出口上设置影响疏散的障碍物，不得在生产工作期间封闭安全出口，不得遮挡安全疏散指示标志。

(8)消防值班人员、巡逻人员坚守岗位，不得擅离职守。

(9)火灾发生后及时报警，迅速组织扑救和人员疏散。不得不报、迟报、谎报火警，或者隐瞒火灾情况。

(10)制定并完善火灾扑救和应急疏散预案，并至少每半年进行一次演练。

(11)对项目施工人员至少每年进行一次消防安全培训。

(12)建立健全并统一保管消防档案。消防档案应当翔实和全面反映本单位消防安全工作的基本情况，并根据情况变化及时补充、更新。

(13)严格落实有关动用明火的管理制度。公众聚集场所在营业期间禁止动火施工；在非营业期间施工需要使用明火时，施工单位和使用单位应当共同采取措施，将施工区和使用区进行防火分隔，清除动火区域的易燃物、可燃物，配备消防器材，专人监护，保证施工和使用范围的消防安全。

(14)在消防安全重点部位设置明显的防火标志，实行严格管理。

### 3. 义务消防队组织

施工现场应当根据消防法规的有关规定，建立义务消防队，配备相应的消防装备、器材，并组织开展消防业务学习和灭火技能训练，提高预防和扑救火灾的能力。

(1)义务消防队组建原则。

①义务消防队(组)的人员数：一般应按不得少于职工总人数的5%～10%的比例建队；火灾危险性较大的按不少于职工总数的30%的比例建队；各种物资仓库按不少于70%的比例

建队。

②义务消防队员力求精干，应选拔热爱消防工作，身体健康的生产骨干、班组长、特殊工种的职工群众参加。

③施工现场防火负责人是义务消防组织的组织指挥者。义务消防队一般应设正副队长，应由具有一定组织能力，熟悉消防基本知识的安全保卫部门人员担任。

④义务消防队可根据实际需要与可能建立防火宣传、检查、火灾扑救等小组。在进行火灾扑救时，一般分为灭火组、抢救组、通信组、警戒组等。

⑤义务消防队应建立必要的学习、训练、执勤制度。定期组织队员学习消防知识，训练扑救初起火灾的技能。每年至少集中整训一次。队员调离岗位要及时补充调整，使队伍保持充足的力量。

(2)义务消防队应达到的“两知，三会”标准。

①两知：知防火知识、知灭火知识。

②三会：会报火警、会疏散自救、会协助救援。

## 二、防火宣传标语、标志设置要求

施工现场要有明显的防火宣传标语、标志。

### 1. 宣传标语

施工现场应挂有宣传标语，主要有：

(1)预防为主，防消结合。

(2)遵守消防法律法规，减少火灾事故发生。

(3)增强防火意识，掌握逃生常识。

(4)严禁圈占消防设施，确保疏散通道畅通。

(5)居安思危，防患于未然。

(6)消除火灾隐患,构建和谐社会。

(7)隐患险于明火,防范胜于救灾,责任重于泰山。

### 2. 宣传标志

(1)指示标志:紧急出口、疏散通道方向、水泵结合器、火警电话、灭火设备、灭火器、地下消火栓。

(2)禁止标志:禁止阻塞、禁止吸烟、禁止烟火、禁止放易燃物、禁止燃放鞭炮等。

(3)警告标志:当心火灾——易燃物质、当心火灾——氧化物。

## 三、防火检查和巡查

### 1. 防火巡查

施工单位必须明确专人进行每日防火巡查,并确定巡查的人员、内容、部位和频次。巡查的内容包括:

(1)用火、用电有无违章情况。

(2)安全出口、疏散通道是否畅通,安全疏散指示标志、应急照明是否完好。

(3)消防设施、器材和消防安全标志是否在位、完整。

(4)消防安全重点部位的人员在岗情况。

防火巡查人员应当及时纠正违章行为,妥善处置火灾危险,无法当场处置的,应当立即报告。发现初起火灾,应当立即报警并及时扑救。防火巡查应当填写巡查记录,巡查人员及其主管人员应当在巡查记录上签名。

### 2. 防火检查

(1)火灾隐患的整改以及防范措施的落实情况。

(2)安全疏散通道、疏散指示标志、应急照明和安全出口情况。

(3)消防车道、消防水源情况。

(4)灭火器材配置及有效情况。

(5)用火、用电有无违章情况。

(6)重点工种人员以及其他员工消防知识的掌握情况。

(7)消防安全重点部位的管理情况。

(8)易燃、易爆危险物品和场所防火防爆措施的落实情况以及其他重要物资的防火安全情况。

(9)消防值班情况和设施运行、记录情况。

(10)防火巡查情况。

(11)消防安全标志的设置情况和完好、有效情况。

(12)其他需要检查的内容。

防火检查应填写检查记录。检查人员和被检查单位(部门)负责人应在检查记录上签名。

## 四、施工现场消防安全管理常见问题

### 1. 凡有下列行为之一为严重违章

(1)施工组织设计中未编制消防方案或危险性较大的作业,如防水施工、保温材料安装使用、施工暂设搭建和冷却塔的安装及其他易燃、易爆物品的未编制防火措施。

(2)进行电焊作业、油漆粉刷或从事防水、保温材料、冷却塔安装等危险作业时,无防火要求措施,也未进行安全交底。明火作业与防水施工、外墙保温材料等较大危险性作业进行违章交叉作业,存在较大火灾隐患的。

(3)明火作业无审批手续,非焊工从事电气焊、割作业,动火前未清理易燃物。

(4)施工暂设搭建未按防火规定使用非燃材料而采用易燃、可燃材料作围护结构的。

(5)在建筑工程主体内设置员工集体宿舍,设置的非燃品库房内住宿人员。

(6)在建筑物或库房内调配油漆、烯料。

(7)将在施建筑物作为仓库使用或长期存放大量易燃、可燃材料。

(8)施工现场吸烟。

(9)工程内使用液化石油气钢瓶。

(10)冬期施工工程内采用炉火作取暖保温措施的。

(11)将住宿或办公区域安全出口上锁、遮挡,或者占用、堆放物品,或者影响疏散通道畅通的。

## 2. 凡下列问题为重大隐患

(1)施工现场未设消防车道。

(2)施工现场的消防重点部位(木工加工场所、油料及其他仓库等)未配备消防器材。

(3)施工现场无消防水源,或消火栓严重不足,未采取其他措施的。

(4)消火栓被埋、压、圈、占。因消火栓开启工具不匹配,不能及时开启出水的。

(5)施工现场进水干管直径小于100mm,无其他措施的。

(6)高度超过24m以上的建筑未设置消防竖管,或在正式消防给水系统投入使用前,拆除或者停用临时消防竖管的。

(7)消防竖管未设置水泵结合器,或设置水泵结合器,消防车无法靠近,不能起灭火作用的。

(8)消防泵的专用配电线路,未引自施工现场总断路器的上端,不能保证连续不间断供电。

(9)冬期施工消火栓、消防泵房、竖管无防冻保温措施,造成设备、管路被冻,不能出水起到灭火作用的。

(10)将安全出口上锁、遮挡,或者占用、堆放物品,或者影响疏散通道畅通的。

(11)消防设施管理、值班人员和防火巡查人员脱岗的。

(12)生活区食堂使用液化气瓶到期未检验,无安全供气协议;工程内或生产区域使用液化石油气的。

## 五、明火作业的管理

### 1. 电焊、气焊规定

(1)电、气焊作业人员必须经公安消防监督部门委托的单位考试合格后方能上岗。

(2)电、气焊作业前必须经单位防火负责人或保卫消防部门审批,办理动火证。用火审批人员要对用火地点情况明、底数清,不具备消防安全条件的不得开具用(动)火证,危险性较大的要到现场查看并采取严格的安全措施。作业人员必须按动火证限定的时间、地点、范围进行电、气焊割作业,用火证当日有效。用火地点变换,要重新办理用火证手续,作业结束,交回动火证。

(3)电、气焊割作业前,必须仔细检查作业地点的安全状况。必须清除周围一切可燃物,备足必要的灭火器材或灭火用水,并设专人现场监护。

(4)焊割存放过化学危险物品的容器或设备,在处于危险状况时不得进行焊割。必须采取安全清洗后,方准进行焊割。

(5)焊割操作不准与油漆、喷漆、木工等易燃易爆操作同部位、同时间上下交叉作业。严禁在有火灾爆炸危险的场所进行焊割作业。

(6)电焊机必须设立专用地线，不准将地线搭接在建筑物、机器设备或各种管道、金属架上。

(7)氧气瓶导管、软管、瓶阀及减压阀不得与油脂、沾油物品接触。氧气瓶和乙炔瓶应分开放置，并不得倾倒和受热。

(8)焊工要严格遵守操作规程，点火前要检查焊割器具软管、接口螺丝是否处于安全状态。

(9)在遇有五级以上大风等恶劣气候时，高空、露天焊割作业应停止。

(10)作业完毕或焊工离开现场时，必须切断气源、电源，检查现场，确无火险方可离去。

## 2. 焊工的“十不焊割”

(1)焊工没有操作证，不能进行焊割作业。

(2)未办理动火审批手续，不能擅自进行焊割作业。

(3)焊工不了解焊割现场情况，不能盲目焊割。

(4)焊工不了解焊割件内部是否安全，不能焊割。

(5)盛过有可燃气体、易燃液体、有毒物质的各种容器，未经彻底清洗前，大型油罐、气桶清洗后，未经气体测爆或测爆后间隔2h以上时，不能焊割。

(6)用可燃材料作保温、隔声、隔热的部位，火花能飞溅到的地方，在未采取切实可靠的安全措施前，不能焊割。

(7)有压力或密封的容器、管道不得焊割。

(8)焊割部位附近堆有易燃、易爆的物品，在未彻底清理或未采取安全有效措施前，不能进行焊割。

(9)与外单位相接触的部位，在没有弄清外单位有否影响，或明知存在危险又未采取有效的安全措施前，不能焊割。

（10）焊割场所与附近其他工程互相有抵触时，不能焊割。

### 3. 燃气用火规定

（1）不得在建设工程内和生产区域使用液化石油气。

（2）钢瓶到期应进行年检，并与供气单位签订安全供气协议，并留存为其供气储罐站的燃气经营许可证。

（3）不得在用可燃性材料作夹芯的彩钢板房内使用液化石油气。

（4）施工单位生活区食堂燃气用火必须符合燃气规定，用火点和燃气罐不能放置在同一房间内。

（5）施工单位应当对室内燃气设施和用气设备进行日常检查，发现室内燃气或者用气设备异常、燃气泄漏时，应当关闭阀门、开窗通风，禁止在现场动用明火、开关电器、拨打电话，并及时向燃气供应单位报修。

（6）燃气罐运输和使用过程中的规定如下：

①禁止倒灌瓶装液化气。

②禁止摔、砸、滚动、倒置气瓶。

③严禁用烘、烤、煮、蒸等方法加热气瓶。

④禁止倾倒瓶内残液或者拆修瓶阀等附件。

⑤使用明火检查燃气泄漏。

⑥装卸时严禁抛撞。

⑦使用时要有专人管理，停火时要将总开关关闭，经常检查无泄漏。

（7）地下建筑严禁储存和使用液化石油气。

（8）严禁使用无年检合格证或已过使用期限报废的液化气瓶。

(9)冬期施工严禁工程内采取明火保温施工，宿舍内严禁明火取暖。

(10)施工现场内禁止吸烟。

(11)施工现场严禁存放、燃放烟花爆竹。

## 六、消防器材的配备

### 1. 建筑灭火器的配置方法

(1)确定各灭火器配备场所内的使用性质、危险等级、可燃物数量、火灾蔓延速度以及扑救难度等因素划分为三级。即：严重危险级、中危险级、轻危险级。要根据规范的要求(见《建筑灭火器配置设计规范》附录二)确定配置场所的危险等级。

(2)确定各灭火器配置场所的火灾种类。

火灾种类应根据物质及其燃烧特性划分为以下几类：

A类火灾：指含固体可燃物，如木材、棉、麻、纸张等燃烧的火灾。

B类火灾：指甲、乙、丙类液体，如汽油、煤油、柴油、甲醇、乙醚、丙酮等燃烧的火灾。

C类火灾：指可燃气体，如煤气、天然气、甲烷、乙炔、氢气等燃烧的火灾。

D类火灾：指可燃金属，如钾、钠、镁、钛、锆、铝镁合金等燃烧的火灾。

E类火灾：(带电火灾)指带电物体燃烧的火灾。

### 2. 灭火器的选择

(1)扑救A类火灾应选用水型、泡沫、磷酸铵盐干粉、卤代烷型灭火器。

(2)扑救B类火灾应选用干粉、泡沫、卤代烷、二氧化碳型灭火器,扑救极溶性溶剂B类火灾不得选用化学泡沫灭火器。

(3)扑救C类火灾应选用干粉、卤代烷、二氧化碳型灭火器。

(4)扑救带电火灾应选用卤代烷、二氧化碳、干粉型灭火器。

(5)扑救A、B、C类火灾和带电火灾应选用磷酸铵盐干粉、卤代烷型灭火器。

### 3. 灭火器的设置

(1)灭火器应设置在明显和便于取用的地点,且不得影响安全疏散。

(2)灭火器应设置稳固,其铭牌必须朝外。

(3)手提式灭火器宜设置在挂钩、托架上或灭火器箱内,其顶部离地面高度应小于1.5m;底部离地面高度不宜小于0.15m。

(4)一个灭火器配置场所内的灭火器不能少于2具。每个设置点的灭火器不宜多于5具。

### 4. 灭火器的维护保养

(1)使用单位必须加强对灭火器的日常管理和维护,定期进行维护保养和维修检查。建立维护管理档案,明确维护管理责任人,并且对维护情况进行定期检查。灭火器的档案资料,应记明配置类型、数量、设置位置、检查维修单位(人员)、更换药剂时间等有关情况。

(2)单位应当至少每12个月组织或委托维修单位对所有灭火器进行一次功能性检查。灭火器不论已经使用还是未使用,距出厂日期满5年,以后每隔2年,必须进行水压试验等检查。

凡使用过和失效不能使用的灭火器,必须更换已损件和重新充装灭火剂和驱动气体。凡干粉灭火器距出厂日期满10年的,二氧化碳灭火器距出厂日期满12年的,均应予以强制报废,重新选配灭火器。

## 七、消防设施的设置和配备及消防道路要求

### 1. 消火栓

(1)施工现场消火栓应布局合理,消防干管直径不小于100mm,消火栓处昼夜要设明显标志,配备足够的水龙带,周围3m内不得存放物品。

(2)地下消火栓必须符合防火规范。

### 2. 消防竖管设置、泵房的配置要求

(1)超过24m的建设工程,应当安装临时消防竖管,管径不得小于75mm,每层设消火栓口,配备足够的水龙带。消防供水要保证足够的水源和水压,严禁消防竖管作为施工用水管线。

(2)消防竖管应设置水泵接合器,满足施工现场火灾扑救的消防供水要求。

(3)在正式消防给水系统投入使用前,不得拆除或者停用临时消防竖管。

(4)消防泵房应用非燃材料建造,位置设置合理,便于操作,并设专人管理,保证消防供水。

(5)消防泵的专用配电线路,应引自施工现场总断路器的上端,要保证连续不间断供电。

依据公安部61号令规定:单位应当按照建筑消防设施检查维修保养有关规定的要求,对建筑消防设施的完好有效情况进

行检查和维修保养。

### 3. 施工现场消防道路

施工现场必须设置临时消防车道。其宽度不得小于3.5m，并保证临时消防车道畅通，禁止在临时车道上堆物、堆料或挤占临时消防车道。

## 八、材料设备的存放与使用

施工材料、易燃可燃材料的存放、清理，易燃易爆物品的存放要求、防火措施，氧气瓶、乙炔瓶的使用与存放，要求如下：

(1)施工暂设和施工现场使用的安全网、围网和保温材料应当符合消防安全规范，不得使用易燃或者可燃材料。

(2)施工单位应当按照仓库防火安全管理规则存放、保管施工材料。

(3)建设工程内不准存放易燃、易爆化学危险物品和易燃、可燃材料。对易燃、易爆化学危险物品和压缩可燃气体容器等，应当按其性质设置专用库房分类存放。施工中使用易燃、易爆化学危险物品时，应当制定防火安全措施；不得在作业场所分装、调料；不得在建设工程内使用液化石油气；使用后的废弃易燃、易爆化学危险物料应当及时清除。

(4)在肥槽内防水施工作业应有双向疏散梯道。

(5)氧气瓶、乙炔瓶工作间距不得小于5m，两瓶与明火作业距离不得小于10m。建筑工程内禁止存放氧气瓶、乙炔瓶。

## 九、施工现场住宿及临建房屋消防规定

(1)在建建筑工程主体内不得设置员工集体宿舍及可燃材料库房，设置的非燃品库房内不得住宿人员。

（2）在建设工程外设置宿舍的，禁止使用可燃材料作分隔和使用电热器具。设置的应急照明和疏散指示标志应当符合有关消防安全要求。

（3）临建房屋消防规定。

①施工现场临建房屋要选非燃建材；用作办公、住宿的临建房屋设置区与作业区应当分开，并保持安全距离。

②临建房屋应由具备电工资格的人员统一安装电气线路，电气线路应采用金属管或经阻燃处理的难燃型硬质塑料管保护，且不应敷设在易燃、可燃结构内。

③建设工程总承包单位负责施工现场临建房屋消防安全管理工作。总承包单位主要负责人是单位的消防安全责任人，对本单位的消防安全工作全面负责。

④施工总承包单位应结合临建房屋的性质，制定消防安全管理措施。

⑤办公区、宿舍区应制定火灾时人员应急疏散预案，并每年入冬前组织一次演练。

⑥施工单位应将施工作业区与生活区等分开设置。

建筑工程主体结构与非施工作业区临建房屋的防火间距不得小于10m。

生活区、办公区域内采用非燃材料搭建的临时房屋之间的防火间距不得小于4m。

⑦施工现场临建房屋内各房间建筑面积超过$60m^2$时，至少设置2个疏散门。多层施工现场临建房屋的疏散楼梯不应少于两个且应分散布置，设置两部疏散楼梯确有困难时，可设置一部金属竖向梯作为第二安全出口。

⑧施工现场临建房屋内未经消防保卫人员和电气主管人员批准不得使用电热器具，严禁私接乱拉电线、明火取暖。

## 十、保温材料使用管理

(1)施工总承包单位对施工现场保温材料的消防安全使用情况负全责,并制定相应的消防安全管理制度,各分包单位要具体落实其各项安全制度。建设方指定分包的工程,建设方应对其分包的单位负责管理并承担管理责任。

(2)施工单位应选用经过阻燃处理的保温材料(氧指数检测结果判定为 B1 级),并留存相关检测报告存档备查。

(3)严格落实施工现场用火用电措施,总包单位统一开具动火证,并由安全员和看火人共同核查动火点周围环境后,10m 范围内无可燃、易燃物方可动火施工;保温材料施工周围 10m 范围内禁止动火作业;禁止动火动焊与铺设保温材料交叉作业,防止引发火灾事故。

(4)施工期间,施工单位应加强保温材料的存放管理,随时清理遗留在施工现场废弃的保温材料。

(5)保温作业应分区段施工,各区段间应保持一定的防火间距,同时做到边固定保温材料、边涂抹水泥砂浆,尽量缩短保温材料裸露时间。

# 第7部分　相关法律法规及务工常识

## 一、相关法律法规(摘录)

### 1. 中华人民共和国建筑法(摘录)

第三十六条　建筑工程安全生产管理必须坚持安全第一、预防为主的方针,建立健全安全生产的责任制度和群防群治制度。

第四十四条　建筑施工企业必须依法加强对建筑安全生产的管理,执行安全生产责任制度,采取有效措施,防止伤亡和其他安全生产事故的发生。

建筑施工企业的法定代表人对本企业的安全生产负责。

第四十六条　建筑施工企业应当建立健全劳动安全生产教育培训制度,加强对职工安全生产的教育培训;未经安全生产教育培训的人员,不得上岗作业。

第四十七条　建筑施工企业和作业人员在施工过程中,应当遵守有关安全生产的法律、法规和建筑行业安全规章、规程,不得违章指挥或者违章作业。作业人员有权对影响人身健康的作业程序和作业条件提出改进意见,有权获得安全生产所需的防护用品。作业人员对危及生命安全和人身健康的行为有权提出批评、检举和控告。

第四十八条　建筑施工企业应当依法为职工参加工伤保险,缴纳工伤保险费。鼓励企业为从事危险作业的职工办理意外伤害保险，支付保险费。

第五十一条　施工中发生事故时，建筑施工企业应当采取紧急措施减少人员伤亡和事故损失，并按照国家有关规定及时向有关部门报告。

## 2. 中华人民共和国劳动法（摘录）

第三条　劳动者享有平等就业和选择职业的权利、取得劳动报酬的权利、休息休假的权利、获得劳动安全卫生保护的权利、接受职业技能培训的权利、享受社会保险和福利的权利、提请劳动争议处理的权利以及法律规定的其他劳动权利。劳动者应当完成劳动任务，提高职业技能，执行劳动安全卫生规程，遵守劳动纪律和职业道德。

第十五条　禁止用人单位招用未满十六周岁的未成年人。

第十六条　劳动合同是劳动者与用人单位确立劳动关系、明确双方权利和义务的协议。

建立劳动关系应当订立劳动合同。

第五十四条　用人单位必须为劳动者提供符合国家规定的劳动安全卫生条件和必要的劳动防护用品，对从事有职业危害作业的劳动者应当定期进行健康检查。

第五十五条　从事特种作业的劳动者必须经过专门培训并取得特种作业资格。

第五十六条　劳动者在劳动过程中必须严格遵守安全操作规程。劳动者对用人单位管理人员违章指挥、强令冒险作业，有权拒绝执行；对危害生命安全和身体健康的行为，有权提出批评、检举和控告。

第五十八条　国家对女职工和未成年工实行特殊劳动保护。

未成年工是指年满十六周岁、未满十八周岁的劳动者。

第六十八条　用人单位应当建立职业培训制度，按照国家规定提取和使用职业培训经费，根据本单位实际，有计划地对劳动者进行职业培训。从事技术工种的劳动者，上岗前必须经过培训。

第七十二条　用人单位和劳动者必须依法参加社会保险，缴纳社会保险费。

第七十七条　用人单位与劳动者发生劳动争议，当事人可以依法申请调解、仲裁、提起诉讼，也可协商解决。调解原则适用于仲裁和诉讼程序。

### 3. 中华人民共和国安全生产法(摘录)

第六条　生产经营单位的从业人员有依法获得安全生产保障的权利，并应当依法履行安全生产方面的义务。

第十七条　生产经营单位应当具备本法和有关法律、行政法规和国家标准或者行业标准规定的安全生产条件；不具备安全生产条件的，不得从事生产经营活动。

第十八条　生产经营单位的主要负责人对本单位安全生产工作负有下列职责：

(一)建立、健全本单位安全生产责任制；

(二)组织制定本单位安全生产规章制度和操作规程；

(三)组织制定并实施本单位安全生产教育和培训计划；

(四)保证本单位安全生产投入的有效实施；

(五)督促、检查本单位的安全生产工作，及时消除生产安全事故隐患；

(六)组织制定并实施本单位的生产安全事故应急救援预案；

（七）及时、如实报告生产安全事故。

第二十五条　生产经营单位应当对从业人员进行安全生产教育和培训，保证从业人员具备必要的安全生产知识，熟悉有关的安全生产规章制度和安全操作规程，掌握本岗位的安全操作技能，了解事故应急处理措施，知悉自身在安全生产方面的权利和义务。未经安全生产教育和培训合格的从业人员，不得上岗作业。

第二十七条　生产经营单位的特种作业人员必须按照国家有关规定经专门的安全作业培训，取得相应资格，方可上岗作业。

特种作业人员的范围由国务院安全生产监督管理部门会同国务院有关部门确定。

第四十一条　生产经营单位应当教育和督促从业人员严格执行本单位的安全生产规章制度和安全操作规程；并向从业人员如实告知作业场所和工作岗位存在的危险因素、防范措施以及事故应急措施。

第四十二条　生产经营单位必须为从业人员提供符合国家标准或者行业标准的劳动防护用品，并监督、教育从业人员按照使用规则佩戴、使用。

第四十四条　生产经营单位应当安排用于配备劳动防护用品、进行安全生产培训的经费。

第四十八条　生产经营单位必须依法参加工伤保险，为从业人员缴纳保险费。

国家鼓励生产经营单位投保安全生产责任保险。

第四十九条　生产经营单位与从业人员订立的劳动合同，应当载明有关保障从业人员劳动安全、防止职业危害的事项，以及依法为从业人员办理工伤保险的事项。

生产经营单位不得以任何形式与从业人员订立协议，免除或者减轻其对从业人员因生产安全事故伤亡依法应承担的责任。

第五十条　生产经营单位的从业人员有权了解其作业场所和工作岗位存在的危险因素、防范措施及事故应急措施，有权对本单位的安全生产工作提出建议。

第五十一条　从业人员有权对本单位安全生产工作中存在的问题提出批评、检举、控告，有权拒绝违章指挥和强令冒险作业。

生产经营单位不得因从业人员对本单位安全生产工作提出批评、检举、控告或者拒绝违章指挥、强令冒险作业而降低其工资、福利等待遇，或者解除与其订立的劳动合同。

第五十二条　从业人员发现直接危及人身安全的紧急情况时，有权停止作业或者在采取可能的应急措施后撤离作业场所。

生产经营单位不得因从业人员在前款紧急情况下停止作业或者采取紧急撤离措施而降低其工资、福利等待遇或者解除与其订立的劳动合同。

第五十三条　因生产安全事故受到损害的从业人员，除依法享有工伤保险外，依照有关民事法律尚有获得赔偿的权利的，有权向本单位提出赔偿要求。

第五十四条　从业人员在作业过程中，应当严格遵守本单位的安全生产规章制度和操作规程，服从管理，正确佩戴和使用劳动防护用品。

第五十五条　从业人员应当接受安全生产教育和培训，掌握本职工作所需的安全生产知识，提高安全生产技能，增强事故预防和应急处理能力。

第五十六条　从业人员发现事故隐患或者其他不安全因

素，应当立即向现场安全生产管理人员或者本单位负责人报告；接到报告的人员应当及时予以处理。

## 4. 建设工程安全生产管理条例（摘录）

第十八条　施工起重机械和整体提升脚手架、模板等自升式架设设施的使用达到国家规定的检验、检测期限的，必须经具有专业资质的检验、检测机构检测。经检测不合格的，不得继续使用。

第二十五条　垂直运输机械作业人员、安装拆卸工、爆破作业人员、起重信号工、登高架设作业人员等特种作业人员，必须按照国家有关规定经过专门的安全作业培训，并取得特种作业操作资格证书后，方可上岗作业。

第二十七条　建设工程施工前，施工单位负责项目管理的技术人员应当对有关安全施工的技术要求向施工作业班组、作业人员做出详细说明，并由双方签字确认。

第二十八条　施工单位应当在施工现场入口处、施工起重机械、临时用电设施、脚手架、出入通道口、楼梯口、电梯井口、孔洞口、桥梁口、隧道口、基坑边沿、爆破物及有害危险气体和液体存放处等危险部位，设置明显的安全警示标志。安全标志必须符合国家标准。

第二十九条　施工单位应当将施工现场的办公、生活区与作业区分开设置，并保持安全距离；办公、生活区的选择应当符合安全性要求。职工的膳食、饮水、休息场所等应当符合卫生标准。施工单位不得在尚未竣工的建筑物内设置员工集体宿舍。

施工现场临时搭建的建筑物应当符合安全使用要求。施工现场使用的装配式活动房屋应当具有产品合格证。

第三十二条　施工单位应当向作业人员提供安全防护用具

和安全防护服装，并书面告知危险岗位的操作规程和违章操作的危害。

作业人员有权对施工现场的作业条件、作业程序和作业方式中存在的安全问题提出批评、检举和控告，有权拒绝违章指挥和强令冒险作业。

在施工中发生危及人身安全的紧急情况时，作业人员有权立即停止作业或者要采取必要的应急措施后撤离危险区域。

第三十三条 作业人员应当遵守安全施工的强制性标准、规章制度和操作规程，正确使用安全防护用具、机械设备等。

第三十六条 施工单位应当对管理人员和作业人员每年至少进行一次安全生产教育培训，其教育培训情况记入个人工作档案。安全生产教育培训考核不合格的人员，不得上岗。

第三十七条 作业人员进入新的岗位或者新的施工现场前，应当接受安全生产教育培训。未经教育培训或者教育培训考核不合格的人员，不得上岗作业。

施工单位在采用新技术、新工艺、新设备、新材料时，应当对作业人员进行相应的安全生产教育培训。

第三十八条 施工单位应当为施工现场从事危险作业的人员办理意外伤害保险。

意外伤害保险费由施工单位支付。

## 5. 工伤保险条例(摘录)

第二条 中华人民共和国境内的各类企业、有雇工的个体工商户(以下称用人单位)应当依照本条例规定参加工伤保险，为本单位全部职工或者雇工(以下称职工)缴纳工伤保险费。

中华人民共和国境内的各类企业的职工和个体工商户的雇工，均有依照本条例的规定享受工伤保险待遇的权利。

第十条　用人单位应当按时缴纳工伤保险费。职工个人不缴纳工伤保险费。

第二十一条　职工发生工伤，经治疗伤情相对稳定后存在残疾、影响劳动能力的，应当进行劳动能力鉴定。

第二十九条　职工因工作遭受事故伤害或者患职业病进行治疗，享受工伤医疗待遇。

## 二、务工就业及社会保险

### 1. 劳动合同

(1)用人单位应当依法与劳动者签订劳动合同。

劳动合同是劳动者与用人单位确立劳动关系、明确双方权利和义务的协议。建立劳动关系应当订立劳动合同。订立和变更劳动合同，应遵循平等自愿、协商一致的原则，不得违反法律、行政法规的规定。劳动合同应当具备以下必备条款：

①劳动合同期限。即劳动合同的有效时间。

②工作内容。即劳动者在劳动合同有效期内所从事的工作岗位(工种)，以及工作应达到的数量、质量指标或者应当完成的任务。

③劳动保护和劳动条件。即为了保障劳动者在劳动过程中的安全、卫生及其他劳动条件，用人单位根据国家有关法律、法规而采取的各项保护措施。

④劳动报酬。即在劳动者提供了正常劳动的情况下，用人单位应当支付的工资。

⑤劳动纪律。即劳动者在劳动过程中必须遵守的工作秩序和规则。

⑥劳动合同终止的条件。即除了期限以外其他由当事人约定的特定法律事实，这些事实一出现，双方当事人之间的权利义务关系终止。

⑦违反劳动合同的责任。即当事人不履行劳动合同或者不完全履行劳动合同，所应承担的相应法律责任。

(2)试用期应包括在劳动合同期限之中。

根据《中华人民共和国劳动法》(以下简称《劳动法》)规定，用人单位与劳动者签订的劳动合同期限可以分为三类：

①有固定期限，即在合同中明确约定效力期间，期限可长可短，长到几年、十几年，短到一年或者几个月。

②无固定期限，即劳动合同中只约定了起始日期，没有约定具体终止日期。无固定期限劳动合同可以依法约定终止劳动合同条件，在履行中只要不出现约定的终止条件或法律规定的解除条件，一般不能解除或终止，劳动关系可以一直存续到劳动者退休为止。

③以完成一定的工作为期限，即以完成某项工作或者某项工程为有效期限，该项工作或者工程一经完成，劳动合同即终止。

签订劳动合同可以不约定试用期，也可以约定试用期，但试用期最长不得超过 6 个月。劳动合同期限在 6 个月以下的，试用期不得超过 15 日；劳动合同期限在 6 个月以上 1 年以下的，试用期不得超过 30 日；劳动合同期限在 1 年以上 2 年以下的，试用期不得超过 60 日。试用期包括在劳动合同期限中。非全日制劳动合同，不得约定试用期。

(3)订立劳动合同时，用人单位不得向劳动者收取定金、保证金或扣留居民身份证。

根据劳动保障部《劳动力市场管理规定》，禁止用人单位招用人员时向求职者收取招聘费用、向被录用人员收取保证金或抵押金、扣押被录用人员的身份证等证件。用人单位违反规定的，由劳动保障行政部门责令改正，并可处以1000元以下罚款；对当事人造成损害的，应承担赔偿责任。

(4)劳动者不必履行无效的劳动合同。

①无效的劳动合同是指不具有法律效力的劳动合同。根据《劳动法》的规定，下列劳动合同无效：

a. 违反法律、行政法规的劳动合同。

b. 采取欺诈、威胁等手段订立的劳动合同。劳动合同的无效，由劳动争议仲裁委员会或者人民法院确认。无效的劳动合同，从订立的时候起，就没有法律约束力。也就是说，劳动者自始至终都无须履行无效劳动合同。确认劳动合同部分无效的，如果不影响其余部分的效力，其余部分仍然有效。

②由于用人单位的原因订立的无效合同，对劳动者造成损害的，应当承担赔偿责任。具体包括：

a. 造成劳动者工资收入损失的，按劳动者本人应得工资收入支付给劳动者，并加付应得工资收入25%的赔偿费用。

b. 造成劳动者劳动保护待遇损失的，应按国家规定补足劳动者的劳动保护津贴和用品。

c. 造成劳动者工伤、医疗待遇损失的，除按国家规定为劳动者提供工伤、医疗待遇外，还应支付劳动者相当于医疗费用25%的赔偿费用。

d. 造成女职工和未成年工身体健康损害的，除按国家规定提供治疗期间的医疗待遇外，还应支付相当于其医疗费用25%的赔偿费用。

e. 劳动合同约定的其他赔偿费用。

(5)用人单位不得随意变更劳动合同。

劳动合同的变更，是指劳动关系双方当事人就已订立的劳动合同的部分条款达成修改、补充或者废止协定的法律行为。《劳动法》规定，变更劳动合同，应当遵循平等自愿、协商一致的原则，不得违反法律、行政法规的规定。经双方协商同意依法变更后的劳动合同继续有效，对双方当事人都有约束力。

(6)解除劳动合同应当符合《劳动法》的规定。

劳动合同的解除，是指劳动合同有效成立后至终止前这段时期内，当具备法律规定的劳动合同解除条件时，因用人单位或劳动者一方或双方提出，而提前解除双方的劳动关系。根据《劳动法》的规定，劳动者可以和用人单位协商解除劳动合同，也可以在符合法律规定的情况下单方解除劳动合同。

①劳动者单方解除。

a.《劳动法》第三十一条规定：劳动者解除劳动合同，应当提前三十日以书面形式通知用人单位。这是劳动者解除劳动合同的条件和程序。劳动者提前三十日以书面形式通知用人单位解除劳动合同，无须征得用人单位的同意，用人单位应及时办理有关解除劳动合同的手续。但由于劳动者违反劳动合同的有关约定而给用人单位造成经济损失的，应依据有关规定和劳动合同的约定，由劳动者承担赔偿责任。

b.《劳动法》第三十二条规定：有下列情形之一的，劳动者可以随时通知用人单位解除劳动合同：

(a)在试用期内的。

(b)用人单位以暴力、威胁或者非法限制人身自由的手段强迫劳动的。

(c)用人单位未按照劳动合同约定支付劳动报酬或者提供劳动条件的。

②用人单位单方解除。

a.《劳动法》第二十五条规定，劳动者有下列情形之一的，用人单位可以解除劳动合同。

(a)在试用期间被证明不符合录用条件的。

(b)严重违反劳动纪律或者用人单位规章制度的。

(c)严重失职,营私舞弊,对用人单位利益造成重大损害的。

(d)被依法追究刑事责任的。

b.《劳动法》第二十六条规定:有下列情形之一的,用人单位可以解除劳动合同,但是应当提前三十日以书面形式通知劳动者本人:

(a)劳动者患病或者非因工负伤,医疗期满后,不能从事原工作也不能从事由用人单位另行安排的工作的。

(b)劳动者不能胜任工作,经过培训或者调整工作岗位,仍不能胜任工作的。

(c)劳动合同订立时所依据的客观情况发生重大变化,致使原劳动合同无法履行,经当事人协商不能就变更劳动合同达成协议的。

c.《劳动法》第二十七条规定:用人单位濒临破产进行法定整顿期间或者生产经营状况发生严重困难,确需裁减人员的,应当提前三十日向工会或者全体职工说明情况,听取工会或者职工的意见,经向劳动保障行政部门报告后,可以裁减人员。并且规定,用人单位自裁减人员之日起六个月内录用人员的,应当优先录用被裁减的人员。

(7)用人单位解除劳动合同应当依法向劳动者支付经济补偿金。

根据《劳动法》规定,在下列情况下,用人单位解除与劳动者的劳动合同,应当根据劳动者在本单位的工作年限,每满一年发给相当于一个月工资的经济补偿金:

①经劳动合同当事人协商一致,由用人单位解除劳动合

同的。

②劳动者不能胜任工作，经过培训或者调整工作岗位仍不能胜任工作，由用人单位解除劳动合同的。

以上两种情况下支付经济补偿金，最多不超过12个月。

③劳动合同订立时所依据的客观情况发生了重大变化，致使原劳动合同无法履行，经当事人协商不能就变更劳动合同达成协议，由用人单位解除劳动合同的。

④用人单位濒临破产进行法定整顿期间或者生产经营状况发生严重困难，必须裁减人员，由用人单位解除劳动合同的。

⑤劳动者患病或者非因工负伤，经劳动鉴定委员会确认不能从事原工作，也不能从事用人单位另行安排的工作而解除劳动合同的；在这类情况下，同时应发给不低于6个月工资的医疗补助费。劳动者患重病或者绝症的还应增加医疗补助费，患重病的增加部分不低于医疗补助费的50％，患绝症的增加部分不低于医疗补助费的100％。

另外，用人单位解除劳动者劳动合同后，未按以上规定给予劳动者经济补偿的，除必须全额发给经济补偿金外，还须按欠发经济补偿金数额的50％支付额外经济补偿金。

经济补偿金应当一次性发给。劳动者在本单位工作时间不满一年的按一年的标准计算。计算经济补偿金的工资标准是企业正常生产情况下，劳动者解除合同前12个月的月平均工资；在以上第③、④、⑤类情况下，给予经济补偿金的劳动者月平均工资低于企业月平均工资的，应按企业月平均工资支付。

(8)用人单位不得随意解除劳动合同。

《劳动法》及《违反〈劳动法〉有关劳动合同规定的赔偿办法》(劳部发[1995]223号)规定，用人单位不得随意解除劳动合同。用人单位违法解除劳动合同的，由劳动保障行政部门责令改正；

对劳动者造成损害的，应当承担赔偿责任。具体赔偿标准是：

①造成劳动者工资收入损失的，按劳动者本人应得工资收入支付劳动者，并加付应得工资收入25%的赔偿费用。

②造成劳动者劳动保护待遇损失的，应按国家规定补足劳动者的劳动保护津贴和用品。

③造成劳动者工伤、医疗待遇损失的，除按国家规定为劳动者提供工伤、医疗待遇外，还应支付劳动者相当于医疗费用25%的赔偿费用。

④造成女职工和未成年工身体健康损害的，除按国家规定提供治疗期间的医疗待遇外，还应支付相当于其医疗费用25%的赔偿费用。

⑤劳动合同约定的其他赔偿费用。

## 2. 工资

(1)用人单位应该按时足额支付工资。

《劳动法》中的"工资"是指用人单位依据国家有关规定或劳动合同的约定，以货币形式直接支付给本单位劳动者的劳动报酬，一般包括计时工资、计件工资、奖金、津贴和补贴、延长工作时间的工资报酬以及特殊情况下支付的工资等。

(2)用人单位不得克扣劳动者工资。

《劳动法》以及《违反〈中华人民共和国劳动法〉行政处罚办法》等规定，用人单位不得克扣劳动者工资。用人单位克扣劳动者工资的，由劳动保障行政部门责令支付劳动者的工资报酬，并加发相当于工资报酬25%的经济补偿金。并可责令用人单位按相当于支付劳动者工资报酬、经济补偿总和的一倍至五倍支付劳动者赔偿金。

"克扣工资"是指用人单位无正当理由扣减劳动者应得工资

（即在劳动者已提供正常劳动的前提下，用人单位按劳动合同规定的标准应当支付给劳动者的全部劳动报酬）。

（3）用人单位不得无故拖欠劳动者工资。

《劳动法》以及《违反〈中华人民共和国劳动法〉行政处罚办法》等规定，用人单位无故拖欠劳动者工资的，由劳动保障行政部门责令支付劳动者的工资报酬，并加发相当于工资报酬 25％的经济补偿金。并可责令用人单位按相当于支付劳动者工资报酬、经济补偿总和的一倍至五倍支付劳动者赔偿金。

“无故拖欠工资”是指用人单位无正当理由超过规定付薪时间未支付劳动者工资。

（4）农民工工资标准。

①在劳动者提供正常劳动的情况下，用人单位支付的工资不得低于当地最低工资标准。

根据《劳动法》、劳动保障部《最低工资规定》等规定，在劳动者提供正常劳动的情况下，用人单位应支付给劳动者的工资在剔除下列各项以后，不得低于当地最低工资标准：

a. 延长工作时间工资。

b. 中班、夜班、高温、低温、井下、有毒有害等特殊工作环境条件下的津贴。

c. 法律、法规和国家规定的劳动者福利待遇等。

实行计件工资或提成工资等工资形式的用人单位，在科学合理的劳动定额基础上，其支付劳动者的工资不得低于相应的最低工资标准。

用人单位违反以上规定的，由劳动保障行政部门责令其限期补发所欠劳动者工资，并可责令其按所欠工资的一倍至五倍支付劳动者赔偿金。

②在非全日制劳动者提供正常劳动的情况下，用人单位支

付的小时工资不得低于当地小时工资最低标准。

劳动保障部《最低工资规定》《关于非全日制用工若干问题的意见》规定，非全日制用工是指以小时计酬、劳动者在同一用人单位平均每日工作时间不超过5h、累计每周工作时间不超过30h的用工形式。用人单位应当按时足额支付非全日制劳动者的工资，具体可以按小时、日、周或月为单位结算。在非全日制劳动者提供正常劳动的情况下，用人单位支付的小时工资不得低于当地小时工资最低标准。非全日制用工的小时工资最低标准由省、自治区、直辖市规定。

③用人单位安排劳动者加班加点应依法支付加班加点工资。

《劳动法》以及《违反〈中华人民共和国劳动法〉行政处罚办法》等规定，用人单位安排劳动者加班加点应依法支付加班加点工资。用人单位拒不支付加班加点工资的，由劳动保障行政部门责令支付劳动者的工资报酬，并加发相当于工资报酬25%的经济补偿金。并可责令用人单位按相当于支付劳动者工资报酬、经济补偿总和的一倍至五倍支付劳动者赔偿金。

劳动者日工资可统一按劳动者本人的月工资标准除以每月制度工作天数进行折算。职工全年月平均工作天数和工作时间分别为20.92天和167.4h，职工的日工资和小时工资按此进行折算。

### 3. 社会保险

(1)农民工有权参加基本医疗保险。

根据国家有关规定，各地要逐步将与用人单位形成劳动关系的农村进城务工人员纳入医疗保险范围。根据农村进城务工人员的特点和医疗需求，合理确定缴费率和保障方式，解决他们在务工期间的大病医疗保障问题，用人单位要按规定为其缴纳医疗保险费。对在城镇从事个体经营等灵活就业的农村进城务工人员，可以按照灵活就业人员参保的有关规定参加医疗保险。据此，在已经将农民工纳入医疗保险范围的地区，农民工有权参加医疗保险，用人单位和农民工本人应依法缴纳医疗保险费，农民工患病时，可以按照规定享受有关医疗保险待遇。

(2)农民工有权参加基本养老保险。

按照国务院《社会保险费征缴暂行条例》等有关规定，基本养老保险覆盖范围内的用人单位的所有职工，包括农民工，都应该参加养老保险，履行缴费义务。参加养老保险的农民合同制职工，在与企业终止或解除劳动关系后，由社会保险经办机构保留其养老保险关系，保管其个人账户并计息。凡重新就业的，应接续或转移养老保险关系；也可按照省级政府的规定，根据农民合同制职工本人申请，将其个人账户个人缴费部分一次性支付给本人，同时终止养老保险关系。农民合同制职工在男年满60周岁、女年满55周岁时，累计缴费年限满15年以上的，可按规定领取基本养老金；累计缴费年限不满15年的，其个人账户全部储存额一次性支付给本人。

(3)农民工有权参加失业保险。

根据《失业保险条例》规定，城镇企业事业单位招用的农民合同制工人应该参加失业保险，用人单位按规定为农民工缴纳社会保险费，农民合同制工人本人不缴纳失业保险费。单位招用的农民合同制工人连续工作满1年，本单位并已缴纳失业保险费，劳动合同期满未续订或者提前解除劳动合同的，由社会保险经办机构根据其工作时间长短，对其支付一次性生活补助。补助的办法和标准由省、自治区、直辖市人民政府规定。

(4)用人单位应依法为农民工参加生育保险。

目前我国的生育保险制度还没有普遍建立,各地工作进展不平衡。从各地制定的规定看,有的地区没有将农民工纳入生育保险覆盖范围,有的地区则将农民工纳入了生育保险覆盖范围。如果农民工所在地区将农民工纳入了生育保险覆盖范围,农民工所在单位应按规定为农民工参加生育保险并缴纳生育保险费,符合规定条件的生育农民工依法享受生育保险待遇。

(5)劳动争议与调解处理。

劳动争议,也称劳动纠纷,就是指劳动关系当事人双方(用人单位和劳动者)之间因执行劳动法律、法规或者履行劳动合同以及其他劳动问题而发生劳动权利与义务方面的纠纷。

①劳动争议的范围。劳动争议的内容,是指劳动合同关系中当事人的权利与义务。所以,用人单位与劳动者之间发生的争议不都是劳动争议。只有在争议涉及劳动关系双方当事人在劳动关系中的权利和义务时,它才是劳动争议。劳动争议包括:因开除、除名、辞退职工和职工辞职、自动离职发生的争议;因执行国家有关工资、保险、福利、培训、劳动保护的规定发生的争议;因履行劳动合同发生的争议等。

②劳动争议处理机构。我国的劳动争议处理机构主要有:企业劳动争议调解委员会、各级政府劳动争议仲裁委员会和人民法院。根据《劳动法》等的规定:在用人单位内可以设劳动争议调解委员会,负责调解本单位的劳动争议;在县、市、市辖区应当设立劳动争议仲裁委员会;各级民法院的民事审判庭负责劳动争议案件的审理工作。

③劳动争议的解决方法。根据我国有关法律、法规的规定,解决劳动争议的方法如下:

a. 协商。劳动争议发生后,双方当事人应当先进行协商,以达成解决方案。

b. 调解。就是企业调解委员会对本单位发生的劳动争议进行调解。从法律、法规的规定看,这并不是必经的程序。但它对于劳动争议的解决却起到很大作用。

c. 仲裁。劳动争议调解不成的,当事人可以向劳动争议仲裁委员会申请仲裁。当事人也可以直接向劳动争议仲裁委员会申请仲裁。当事人从知道或应当知道其权利被侵害之日起 60 日内,以书面形式向仲裁委员会申请仲裁。仲裁委员会应当自收到申请书之起 7 日内做出受理或不予受理的决定。

d. 诉讼。当事人对仲裁裁决不服的,可以自收到仲裁裁决之日起 15 日内向人民法院起诉。人民法院民事审判庭受理和审理劳动争议案件。

④维护自身权益要注意法定时限。劳动者通过法律途径维护自身权益,一定要注意不能超过法律规定的时限。劳动者通过劳动争议仲裁、行政复议等法律途径维护自身合法权益,或者申请工伤认定、职业病诊断与鉴定等,一定要注意在法定的时限内提出申请。如果超过了法定时限,有关申请可能不会被受理,致使自身权益难以得到保护。主要的时限包括:

a. 申请劳动争议仲裁的,应当在劳动争议发生之日(即当事人知道或应当知道其权利被侵害之日)起 60 日内向劳动争议仲裁委员会申请仲裁。

b. 对劳动争议仲裁裁决不服、提起诉讼的,应当自收到仲裁裁决书之日起 15 日内,向人民法院提起诉讼。

c. 申请行政复议的,应当自知道该具体行政行为之日起 60 日内提出行政复议申请。

d. 对行政复议决定不服、提起行政诉讼的,应当自收到行政复议决定书之日起 15 日内,向人民法院提起行政诉讼。

e. 直接向人民法院提起行政诉讼的，应当在知道做出具体行政行为之日起 3 个月内提出，法律另有规定的除外。因不可抗力或者其他特殊情况耽误法定期限的，在障碍消除后的 10 日内，可以申请延长期限，由人民法院决定。

f. 申请工伤认定的，所在单位应当自事故伤害发生之日或者被诊断、鉴定为职业病之日起 30 日内，向统筹地区劳动保障行政部门提出工伤认定申请。遇有特殊情况，经报劳动保障行政部门同意，申请时限可以适当延长。用人单位未按前款规定提出工伤认定申请的，工伤职工或者其直系亲属、工会组织在事故伤害发生之日或者被诊断、鉴定为职业病之日起 1 年内，可以直接向用人单位所在地统筹地区劳动保障行政部门提出工伤认定申请。

## 三、工人健康卫生知识

### 1. 常见疾病的预防和治疗

(1)流行性感冒。

①流行性感冒的传播方式。

流行性感冒简称流感，是由流感病毒引起的一种急性呼吸道传染病。流感的传染源主要是患者，病后 1～7 天均有传染性。流感主要通过呼吸道传播，传染性很强，常引起流行。一般常突然发生，迅速蔓延，患者数多。

提示：发生流行性感冒时应注意与病人保持一定距离，以免被传染。

②流行性感冒的症状。

流感的症状与感冒类似，主要是发热及上呼吸道感染症状，如咽痛、鼻塞、流鼻涕、打喷嚏、咳嗽等。流感的全身症状重，而局部症状很轻。

③流行性感冒的预防。

a. 最主要的是注射流感疫苗，疫苗应于流感流行前1～2个月注射。因流感冬季易发，故常于每年10月左右进行注射。

b. 应当尽量避免接触病人，流行期间不到人多的地方去。

c. 增强身体抵抗力最重要，生活规律、适当锻炼、合理营养、精神愉快非常关键。

d. 避免过于劳累、精神紧张、着凉、酗酒等。

(2)细菌性痢疾。

①细菌性痢疾的传播方式。

细菌性痢疾(简称菌痢)，是夏秋季节最常见的急性肠道传染病，由痢疾杆菌引起，以结肠化脓性炎症为主要病变。菌痢主要通过粪—口途径传播，即患者大便中的痢疾杆菌可以污染手、食物、水、蔬菜、水果等而进入口中引起感染。细菌性痢疾终年均有发生，但多流行于夏秋季节。人群对此病普遍易感，幼儿及青壮年发病率较高。

②细菌性痢疾的症状。

细菌性痢疾病情可轻可重，轻者仅有轻度腹泻，重者可有发热、全身不适、乏力、恶心、呕吐、腹痛、腹泻。腹泻次数由一日数次至十数次不等，患者常有老想解大便可总也解不干净的感觉(里急后重)，患者大便中常有黏液，重者有脓血。

③细菌性痢疾的预防。

a. 做好痢疾患者的粪便、呕吐物的消毒处理，管理好水源，防止病菌污染水源、土壤及农作物；患者使用过的厕所、餐具等也应消毒。

b. 不喝生水，不生吃水产品，蔬菜要洗净、炒熟再吃，水果应洗净削皮后食用。

c. 养成饭前、便后洗手的习惯，不吃被苍蝇、蟑螂叮咬过或爬过的食物，积极做好灭苍蝇、灭蟑螂工作。

d. 加强体育锻炼，增强体质。

重点：注意个人卫生，养成饭前、便后洗手的习惯。

(3)细菌性食物中毒。

①细菌性食物中毒的传播方式。

细菌性食物中毒是由于进食被细菌或细菌毒素污染的食物而引起的急性感染中毒性疾病。细菌性食物中毒是典型的肠道传染病，发生原因主要有以下几个方面：

a. 食物在宰杀或收割、运输、储存、销售等过程中受到病菌的污染。

b. 被致病菌污染的食物在较高的温度下存放，食品中充足的水分、适宜的酸碱度及营养条件使致病菌大量繁殖或产生毒素。

c. 食品在食用前未烧透或熟食受到生食交叉污染。

d. 在缺氧环境中(如罐头等)肉毒杆菌产生毒素。

②细菌性食物中毒的症状。

胃肠型细菌性食物中毒是食物中毒中最常见的一种，是由于食用了被细菌或细菌毒素污染的食物所引起的。绝大多数患者表现为胃肠炎的症状，如恶心、呕吐、腹痛、腹泻、排水样便等。腹泻一天数次到数十次不等，多数是稀水样便，个别人可有黏液血便、血水样便等，极少数患者可以发生败血症。

③细菌性食物中毒的预防。

a. 防止食品污染。加强对污染源的管理，做好牲畜屠宰前后的卫生检验，防止感染；对海鲜类食品应加强管理，防止污染其他食品；要严防食品加工、储存、运输、销售过程中被病原体污染；食品容器、刀具等应严格生熟分开使用，做好消毒工作，防止交叉污染；生产场所、厨房、食堂等要有防蝇、防鼠设备；严格遵守饮食行业和炊事人员的个人卫生制度；患化脓性病症和上呼吸道感染的患者，在治愈前不应参加接触食品的工作。

b. 控制病原体繁殖及外毒素的形成。食品应低温保存或放在阴凉通风处，食品中加盐量达 10%也可有效控制细菌繁殖及毒素形成。

c. 彻底加热杀灭细菌及破坏毒素。这是防止食物中毒的重要措施，要彻底杀灭肉中的病原体，肉块不应太大，加热时其内部温度可以达到 80℃，这样持续 12min 就可将细菌杀死。

d. 凡是食品在加工和保存过程中有厌氧环境存在，均应防止肉毒杆菌的污染，过期罐头——特别是产气罐头（其盖鼓起）均勿食用。

（4）病毒性肝炎。

①病毒性肝炎的类型。

病毒性肝炎是由多种肝炎病毒引起的，以肝脏损害为主的一组全身性传染病。按病原体分类，目前已确定的有甲型肝炎、乙型肝炎、丙型肝炎、丁型肝炎、戊型肝炎。通过实验诊断排除上述类型的肝炎者，称为“非甲—戊型肝炎”。

②病毒性肝炎的传染源。

a. 甲型肝炎无病毒携带状态，传染源为急性期患者和隐性感染者。粪便排毒期在起病前 2 周至血清转氨酶高峰期后 1 周，少数患者延长至病后 30 天。

b. 乙型肝炎属于常见传染病，可通过母婴、血液和体液传播。传染源主要是急、慢性乙型肝炎患者和病毒携带者。急性患者在潜伏期末及急性期有传染性，但不超过 6 个月。慢性患者和病毒携带者作为传染源预防的意义重大。

c. 丙型肝炎的传染源是急、慢性患者和无症状病毒携带者。

d. 丁型肝炎的传染源与乙型肝炎相似。

e. 戊型肝炎的传染源与甲型肝炎相似。

③病毒性肝炎的症状。

a. 疲乏无力、懒动、下肢酸困不适,稍加活动则难以支持。

b. 食欲不振、食欲减退、厌油、恶心、呕吐及腹胀,往往食后加重。

c. 部分病人尿黄、尿色如浓茶,大便色淡或灰白,腹泻或便秘。

d. 右上腹部有持续性腹痛,个别病人可呈针刺样或牵拉样疼痛,于活动、久坐后加重,卧床休息后可缓解,右侧卧时加重,左侧卧时减轻。

e. 医生检查可有肝脏肿大、压痛、肝区叩击痛、肝功能损害,部分病例出现发热及黄疸表现。

f. 血清谷丙转氨酶及血中总胆红素升高有助于诊断,也可进一步做血清免疫学检查及明确肝炎类型。

④病毒性肝炎的预防。

病毒性肝炎预防应采取以切断传播途径为重点的综合性措施。

对甲型、戊型肝炎,重点抓好水源保护、饮水消毒、食品加工、粪便管理等,切断粪－口途径传播,注意个人卫生,饭前、便后洗手,不喝生水,生吃瓜果要洗净。对于急性病的甲型和戊型肝炎病人接触的易感人群,应注射人血丙种球蛋白,注射时间越早越好。

对乙型、丙型和丁型肝炎,重点在于防止通过血液和体液的传播,各种医疗及预防注射应实行一人一针一管,对带血清的污染物应严格消毒,对血液和血液制品应严格检测。对学龄前儿童和密切接触者,应接种乙肝疫苗;乙肝疫苗和乙肝免疫球蛋白联合应用可有效地阻断母婴传播；医务人员在工作中因医疗意外或医疗操作不慎感染乙肝病毒，应立即注射免疫球蛋白。

### 2. 职业病的预防和治疗

（1）职业病定义。

所谓职业病，是指企业、事业单位和个体经济组织的劳动者在职业活动中，因接触粉尘、放射性物质和其他有毒、有害物质等因素而引起的疾病。对于患职业病的，我国法律规定，应属于工伤，享受工伤待遇。

（2）建筑企业常见的职业病。

①接触各种粉尘引起的尘肺病。

②电焊工尘肺、眼病。

③直接操作振动机械引起的手臂振动病。

④油漆工、粉刷工接触有机材料散发的不良气体引起的中毒。

⑤接触噪声引起的职业性耳聋。

⑥长期超时、超强度地工作，精神长期过度紧张造成相应职业病。

⑦高温中暑等。

（3）职业病鉴定与保障。

劳动者如果怀疑所得的疾病为职业病，应当及时到当地卫生部门批准的职业病诊断机构进行职业病诊断。对诊断结论有异议的，可以在30日内到市级卫生行政部门申请职业病诊断鉴定，鉴定后仍有异议的，可以在15日内到省级卫生行政部门申请再鉴定。被诊断、鉴定为职业病，所在单位应当自被诊断、鉴定为职业病之日起30日内，向统筹地区劳动保障行政部门提出工伤认定申请。

提示：劳动者日常需要注意收集与职业病相关的材料。

(4)职业病的诊断。

根据《中华人民共和国职业病防治法》(以下简称《职业病防治法》)和《职业病诊断与鉴定管理办法》的有关规定，具体程序为：

①职业病诊断应当由省级以上人民政府卫生行政部门批准的医疗卫生机构承担，劳动者可以在用人单位所在地或者本人居住地依法承担职业病诊断的医疗卫生机构进行职业病诊断。

②当事人申请职业病诊断时应当提供以下材料：a. 职业史、既往史；b. 职业健康监护档案复印件；c. 职业健康检查结果；d. 工作场所历年职业病危害因素检测、评价资料；e. 诊断机构要求提供的其他必需的有关材料。

③职业病诊断应当依据职业病诊断标准，结合职业病危害接触史、工作场所职业病危害因素检测与评价、临床表现和医学检查结果等资料，综合做出分析。

④职业病诊断机构在进行职业病诊断时，应当组织三名以上取得职业病诊断资格的执业医师进行集体诊断。

⑤职业病诊断机构做出职业病诊断后，应当向当事人出具职业病诊断证明书。职业病诊断证明书应当明确是否患有职业病，对患有职业病的，还应当载明所患职业病的名称、程度(期别)、处理意见和复查时间。

⑥当事人对职业病诊断有异议的，在接到职业病诊断证明书之日起 30 日内，可以向做出诊断的医疗卫生机构所在地的市级卫生行政部门申请鉴定。

⑦当事人申请职业病诊断鉴定时，应当提供以下材料：

a. 职业病诊断鉴定申请书。

b. 职业病诊断证明书。

c. 其他有关资料。职业病诊断鉴定办事机构应当自收到申请资料之日起10日内完成材料审核，对材料齐全的发给受理通知书；材料不全的，通知当事人补充。职业病诊断鉴定办事机构应当在受理鉴定之日起60日内组织鉴定。

⑧鉴定委员会应当认真审查当事人提供的材料，必要时可听取当事人的陈述和申辩，对被鉴定人进行医学检查，对被鉴定人的工作场所进行现场调查取证。

⑨职业病诊断鉴定书应当包括以下内容：

a. 劳动者、用人单位的基本情况及鉴定事由。

b. 参加鉴定的专家情况。

c. 鉴定结论及其依据，如果为职业病，应当注明职业病名称、程度（期别）。

d. 鉴定时间。职业病诊断鉴定书应当于鉴定结束之日起20日内由职业病诊断鉴定办事机构发送给当事人。

（5）劳动者有权利拒绝从事容易发生职业病的工作。

劳动者依法享有保持自己身体健康的权利，因此，对于是否选择从事存在职业病危害的工作，应当由劳动者依照其自己的意愿决定。而要使劳动者能够自行决定是否选择从事该工作，就应当保证劳动者对相关工作内容以及其可能带来的危害有一定的了解。正因为如此，《职业病防治法》规定："用人单位与劳动者订立劳动合同（含聘用合同，下同）时，应当将工作过程中可能产生的职业病危害及其后果、职业病防护措施和待遇等如实告知劳动者，并在劳动合同中写明，不得隐瞒或者欺骗。""劳动者在已订立劳动合同期间因工作岗位或者工作内容变更，从事与所订立劳动合同中未告知的存在职业病危害的作业时，用人单位应当依照前款规定，向劳动者履行如实告知的义务，并协商变更原劳动合同相关条款。""用人单位违反前两款规定的，劳动者有权拒绝从事存在职业病危害的作业，用人单位不得因此解除或者终止与劳动者所订立的劳动合同。”

另外，根据《中华人民共和国职业病防治法》的规定，用人单位违反本规定，订立或者变更劳动合同时，未告知劳动者职业病危害真实情况的，由卫生行政部门责令限期改正，给予警告，可以并处 2 万元以上 5 万元以下的罚款。

根据前述规定，如果用人单位没有将工作过程中可能产生的职业病危害及其后果、职业病防护措施和待遇等如实告知劳动者，并在劳动合同中写明，那么劳动者就有权利拒绝从事存在职业病危害的作业，并且用人单位不得因劳动者拒绝从事该作业而解除或者终止劳动者的劳动合同。

(6)患职业病的劳动者有权获得相应的保障。

①患职业病的劳动者有权利获得职业保障。《中华人民共和国劳动合同法》规定，用人单位以下情形不得解除劳动合同：

a. 患职业病或者因工负伤并确认丧失或者部分丧失劳动能力的。

b. 患病或者负伤，在规定的医疗期内的。职业病病人依法享受国家规定的职业病待遇，用人单位对不适宜继续从事原工作的职业病病人，应当调离原岗位，并妥善安置。

②患职业病的劳动者有权利获得医疗保障。《职业病防治法》规定：“职业病病人依法享受国家规定的职业病待遇。用人单位应当按照国家有关规定，安排职业病病人进行治疗、康复和定期检查。”

③患职业病的劳动者有权利获得生活保障。《职业病防治法》规定：“劳动者被诊断患有职业病，但用人单位没有依法参加工伤社会保险的，其医疗和生活保障由最后的用人单位承担。

④患职业病的劳动者有权利依法获得赔偿。职业病病人除

依法享有工伤社会保险外，依照有关民事法律，尚有获得赔偿的权利的，有权向用人单位提出赔偿要求。

(7)职工患职业病后的一次性处理规定。

职工患病后，应当先行治疗，然后进行职业病的诊断和鉴定。如果职工按照《职业病防治法》规定被诊断、鉴定为职业病，必须向劳动保障行政部门提出工伤认定申请，由劳动保障行政部门做出工伤认定。如果职工经治疗伤情相对稳定后存在残疾、影响劳动能力的，还应当进行劳动能力鉴定。最后职工才可按照《工伤保险条例》规定的标准享受工伤保险待遇。

以上程序是职工患职业病后享受工伤待遇所必需的，是切实保障职工合法权益的基础。但在实际生活中，一些用人单位和职工由于不懂工伤法律或者怕麻烦、图省事，在职工患病后就直接约定进行一次性工伤补助，这种做法是不可取的。当然，如果工伤职工愿意，待治愈或病情稳定做出工伤伤残等级鉴定后，可参照有关工伤的规定依法与企业达成一次性领取工伤待遇的相关协议。

(8)治疗职业病的有关费用支付。

首先应当明确的是，检查、治疗、诊断职业病的，劳动者本人不承担相关费用。这些费用依照规定，应当由用人单位负担或者从工伤保险基金中支付。

①职业健康检查费用由用人单位承担。

②救治急性职业病危害的劳动者，或者进行健康检查和医学观察，所需费用由用人单位承担。

③职业病诊断鉴定费用由用人单位承担。

④因职业病进行劳动能力鉴定的，鉴定费从工伤保险基金中支付。

⑤因职业病需要治疗的，相关费用按照工伤的规定处理。

还需要说明的是，不管是职业病还是其他原因发生的工伤，都必须进行彻底的治疗，相关的费用不管花了多少，都应当依法予以报销。人们常常用一句“工伤索赔上不封顶”形象的比喻这一点。

（9）劳动者在职业病防治中须承担的义务。

①认真接受用人单位的职业卫生培训，努力学习和掌握必要的职业卫生知识。

②遵守职业卫生法规、制度、操作规程。

③正确使用与维护职业危害防护设备及个人防护用品。

④及时报告事故隐患。

⑤积极配合上岗前、在岗期间和离岗时的职业健康检查。

⑥如实提供职业病诊断、鉴定所需的有关资料等。

重点：熟知职业安全卫生警示标志，禁止不安全的操作行为，正确使用个人防护用品。

（10）建筑企业常见职业病及预防控制措施。

①接触各种粉尘引起的尘肺病预防控制措施。

作业场所防护措施：加强水泥等易扬尘的材料的存放处、使用处的扬尘防护，任何人不得随意拆除，在易扬尘部位设置警示标志。

个人防护措施：落实相关岗位的持证上岗，给施工作业人员提供扬尘防护口罩，杜绝施工操作人员的超时工作。

②电焊工尘肺、眼病的预防控制措施。

作业场所防护措施：为电焊工提供通风良好的操作空间。

个人防护措施：电焊工必须持证上岗，作业时佩戴有害气体防护口罩、眼睛防护罩，杜绝违章作业，采取轮流作业，杜绝施工操作人员的超时工作。

③直接操作振动机械引起的手臂振动病的预防控制措施。

作业场所防护措施：在作业区设置预防职业病警示标志。

个人防护措施：机械操作工要持证上岗，提供振动机械防护手套，采取延长换班休息时间，杜绝作业人员的超时工作。

④油漆工、粉刷工接触有机材料散发不良气体引起的中毒预防控制措施。

作业场所防护措施：加强作业区的通风排气措施。

个人防护措施：相关工种持证上岗，给作业人员提供防护口罩，采取轮流作业，杜绝作业人员的超时工作。

⑤接触噪声引起的职业性耳聋的预防控制措施。

作业场所防护措施：在作业区设置防职业病警示标志，对噪声大的机械加强日常保养和维护，减少噪声污染。

个人防护措施：为施工操作人员提供劳动防护耳塞，采取轮流作业，杜绝施工操作人员的超时工作。

⑥长期超时、超强度地工作，精神长期过度紧张造成相应职业病的预防控制措施。

作业场所防护措施：提高机械化施工程度，减小工人劳动强度，为职工提供良好的生活、休息、娱乐场所，加强施工现场文明施工。

个人防护措施：不盲目抢工期，即使抢工期也必须安排充足的人员能够按时换班作业，采取 8h 作业换班制度，及时发放工人工资，稳定工人情绪。

⑦高温中暑的预防控制措施。

作业场所防护措施：在高温期间，为职工备足饮用水或绿豆汤、防中暑药品、器材。

个人防护措施：减少工人工作时间，尤其是延长中午休息时间。

提示：工作场所自觉做好个人安全防护。

# 第8部分　建筑施工安全事故与工伤处理

## 一、安全生产事故分类

### 1. 按事故的原因及性质分类

从建筑活动的特点及事故的原因和性质来看，建筑安全事故可以分为四类，即生产事故、质量问题、技术事故和环境事故。

(1)生产事故。

生产事故主要是指在建筑产品的生产、维修、拆除过程中，操作人员违反有关施工操作规程等而直接导致的安全事故。这类事故一般都是在施工作业过程中出现的，事故发生的次数比较频繁，是建筑安全事故的主要类型之一。目前我国对建筑安全生产的管理主要是针对生产事故。

(2)质量问题。

质量问题主要是指由于设计不符合规范或施工达不到要求等原因而导致建筑结构实体或使用功能存在瑕疵，进而引起安全事故的发生。在设计不符合规范标准方面，主要是一些没有相应资质的单位或个人私自出图和设计本身存在安全隐患。在施工达不到设计要求方面，一是施工过程违反有关操作规程留下的隐患，二是有关施工主体偷工减料的行为导致的安全隐患。质量问题可能发生在施工作业过程中，也可能发生在建筑实体的使用过程中。特别是在建筑实体的使用过程中，质量问题带来的危害是极其严重的，如果在外加灾害(如地震、火灾)发生的情况下，其危害后果是不堪设想的。质量问题也是建筑安全事故的主要类型之一。

（3）技术事故。

技术事故主要是指由于工程技术原因而导致的安全事故，技术事故的结果通常是毁灭性的。技术是安全的保证，曾被确信无疑的技术可能会在突然之间出现问题，起初微不足道的瑕疵可能导致灾难性的后果，很多时候正是由于一些不经意的技术失误才导致了严重的事故。在工程技术领域，人类历史上曾发生过多次技术灾难，包括人类和平利用核能过程中的切尔诺贝利核事故、"挑战者"号航天飞机爆炸事故等。在工程建设领域，这方面惨痛失败的教训同样也是深刻的，如1981年7月17日美国密苏里州发生的海厄特摄政通道垮塌事故。技术事故的发生，可能发生在施工生产阶段，也可能发生在使用阶段。

（4）环境事故。

环境事故主要是指建筑实体在施工或使用的过程中，由于使用环境或周边环境原因而导致的安全事故。使用环境原因主要是对建筑实体的使用不当，比如荷载超标、静荷载设计而动荷载使用以及使用高污染建筑材料或放射性材料等。对于使用高污染建筑材料或放射性材料的建筑物，一是给施工人员造成职业病危害，二是对使用者的身体带来伤害。周边环境原因主要是一些自然灾害方面的，比如山体滑坡等。在一些地质灾害频发的地区，应该特别注意环境事故的发生。环境事故的发生，我们往往归咎于自然灾害，其实是缺乏对环境事故的预判和防治能力。

### 2. 按事故类别分类

按事故类别分，建筑业相关职业伤害事故可以分为12类，即：物体打击、车辆伤害、机械伤害、起重伤害、触电、灼烫、火灾、高处坠落、坍塌、爆炸、中毒和窒息、其他伤害。

(1)物体打击事故。

①物体打击事故是指施工人员在操作过程中受到各种工具、材料、机械零部件等从高空下落造成的伤害，以及各种崩块、碎片、锤击、滚石等对人体造成的伤害，器具飞击、料具反弹等对人体造成的伤害等，物体打击事故不包括因爆炸引起的物体打击。

一直以来，物体打击事故都是造成现场操作人员伤亡的重要原因之一，为此，国家制定颁布了不少法规，对防止物体打击事故的发生曾做过许多规定：JGJ 59－2011《建筑施工安全检查标准》规定，脚手架外侧挂设密目安全网，安全网间距应严密，外脚手架施工层应设 1.2m 高的防护栏杆，并设挡脚板；JGJ 80－1991《建筑施工高处作业安全技术规范》规定，施工作业场所有坠落可能的物件，应一律先行撤除或加以固定。拆卸下的物体及余料不得任意乱置或向下丢弃。钢模板、脚手架等拆除时，下方不得有其他操作人员等。

②物体打击事故的常见形式。建筑工程施工现场的物体打击事故不但直接造成人员伤亡，而且对建筑物、构筑物、设备管线、各种设施等也都有可能造成损害。造成物体打击伤害的主要物体是建筑材料、构件和机具，物体打击事故的常见形式有以下几种：

a. 由于空中落物对人体造成的砸伤。

b. 反弹物体对人体造成的撞击。

c. 材料、器具等硬物对人体造成的碰撞。

d. 各种碎屑、碎片飞溅对人体造成的伤害。

e. 各种崩块和滚动物体对人体造成的砸伤。

f. 器具部件飞出对人体造成的伤害。

(2)高处坠落事故。

①高处作业是指在坠落高度基准面2m以上(含2m),有可能坠落的作业处进行的作业。操作人员在高处作业中临边、洞口、攀登、悬空、操作平台及交叉作业区坠落事故即为高处坠落事故。高处作业可分为临边作业、洞口作业、悬空作业三大类。

高处坠落事故频发率在建筑业伤亡事故中占有相当高的比率,为防止高处坠落事故的发生,国家相继颁发并实施了许多相关安全法规,如JGJ 80—1991《建筑施工高处作业安全技术规范》、JGJ 88—2010《龙门架及井架物料提升机安全技术规范》、JGJ 33—2012《建筑机械使用安全技术规程》等。

②常见的高处坠落事故形式。

高处坠落事故受害者不仅仅为施工操作工人,还有工程技术人员和专职安全员;高处坠落事故责任者包括建筑企业负责人、工程技术人员、专职安全员和操作工人,特别是未经安全培训的新入场工人;高处坠落事故部位多发生在脚手架和预留洞口等部位,尤其是从脚手架或操作平台坠落导致伤亡事故的案例最多;高处坠落事故时间阶段多发生在从施工准备到主体结构施工阶段,以及装饰工程施工和工程收尾等各个阶段。高处坠落事故的常见形式主要有以下几种:

a. 从脚手架及操作平台上坠落。

b. 从平地坠落入沟槽、基坑、井孔。

c. 从机械设备上坠落。

d. 从楼面、屋顶、高台等临边坠落。

e. 滑跌、踩空、拖带、碰撞等引起坠落。

f. 从“四口”坠落。

(3)触电事故。

①施工现场临时用电是相对于施工现场以外正式工业与民

用“永久”性用电而提出的一种专属施工现场内部的用电，是由施工现场临时用电工程提供电力并用于施工现场施工的用电。施工现场临时用电有临时性、移动性和露天性等特点。施工现场临时用电虽然属于暂设，但是不能有“临时”的观点，应有正规的电气设计，加强用电管理。

触电伤害分电击和电伤两种，电击是指直接接触带电部分，使人体通过一定的电流，是有致命危险的触电伤害；电伤是指皮肤局部的创伤，如灼伤、烙印等。

施工现场的触电事故主要有三类：施工人员触碰电线或电缆线；建筑机械设备漏电；对高压线防护不当导致触电。

②触电事故的常见形式。

a. 带电电线、电缆破口、断头。

b. 电动设备漏电。

c. 起重机部件等触碰高压线。

d. 挖掘机损坏地下电缆。

e. 移动电线、机具，电线被拉断、破皮。

f. 电闸箱、控制箱漏电或误触碰。

g. 强力自然因素导致电线断裂。

h. 雷击。

(4)机械伤害事故。

①施工机械、机具对操作人员砸、撞、绞、碾、碰、割、戳等造成的伤害，称为机械、机具伤害。

建筑施工现场常见的导致机械伤害事故的机械、机具有：木工机械、钢筋加工机械、混凝土搅拌机、砂浆搅拌机、打桩机、装饰工程机械、土石方机械、各种起重运输机械等。造成死亡事故的常见机械有龙门架及井架物料提升机、各类塔式起重机、外用施工电梯、土石方机械及铲土运输机械等。

②机械伤害常见事故形式。

a. 机械转动部分的绞、碾和拖带造成的伤害。

b. 机械部件飞出造成的伤害。

c. 机械工作部分的钻、刨、削、砸、割、扎、撞、锯、戳、绞、碾造成的伤害。

d. 进入机械容器或运转部分导致受伤。

e. 机械失稳、倾覆造成的伤害。

(5)坍塌事故。

①坍塌一般是指建筑物、堆置物倒塌和土石方塌方等。坍塌事故与高处坠落事故、触电事故、物体打击事故、机械伤害事故被列为“五大伤害”。

导致坍塌事故的主要原因:一是施工单位不重视安全生产、缺乏安全管理经验;二是盲目施工,不编制安全施工方案,缺乏安全技术措施。主要体现在:开挖基坑、基槽时,边坡坡度过陡,且没有采取临时支撑等措施;现浇混凝土梁、板支撑体系没有经过设计计算,模板或支撑构件的强度、刚度不足,模板支撑体系失稳造成倒塌;梁板混凝土强度未达到设计要求,提前拆模;脚手架、操作平台等集中堆放材料过多造成倒塌等。

②坍塌事故的常见形式。

a. 基槽或基坑壁、边坡、洞室等土石方坍塌。

b. 地基基础悬空、失稳、滑移等导致上部结构坍塌。

c. 工程施工质量极度低劣造成建筑物倒塌。

d. 塔吊、脚手架、井架等设施倒塌。

e. 施工现场临时建筑物倒塌。

f. 现场材料等堆置物倒塌。

g. 大风等强力自然因素造成的倒塌。

### 3. 按事故严重程度分类

可以分为轻伤事故、重伤事故和死亡事故三类。

### 4. 按事故等级分类

(1)伤亡事故是指职工在劳动的过程中发生的人身伤害、急性中毒事故,即职工在本岗位劳动或虽不在本岗位劳动,但由于企业的设备和设施不安全、劳动条件和作业环境不良、管理不善以及企业领导指派到企业外从事本企业活动中发生的人身伤害(轻伤、重伤、死亡)和急性中毒事件。当前伤亡事故统计中除职工以外,还应包括企业雇用的农民工、临时工等。

(2)建筑施工企业的伤亡事故,是指在建筑施工过程中,由于危险有害因素的影响而造成的工伤、中毒、爆炸、触电等,或由于各种原因造成的各类伤害。

(3)按国务院 2007 年 4 月 9 日发布的《生产安全事故报告和调查处理条例》(国务院令第 493 号),根据生产安全事故(以下简称事故)造成的人员伤亡或者直接经济损失,把事故分为如下几个等级:

①特别重大事故,是指造成 30 人以上死亡,或者 100 人以上重伤(包括急性工业中毒,下同),或者 1 亿元以上直接经济损失的事故。

②重大事故,是指造成 10 人以上 30 人以下死亡,或者 50 人以上 100 人以下重伤,或者 5000 万元以上 1 亿元以下直接经济损失的事故。

③较大事故,是指造成 3 人以上 10 人以下死亡,或者 10 人以上 50 人以下重伤,或者 1000 万元以上 5000 万元以下直接经济损失的事故。

④一般事故,是指造成3人以下死亡,或者10人以下重伤,或者1000万元以下直接经济损失的事故。条例中所称的“以上”包括本数,所称的“以下”不包括本数。

### 5. 建筑工程最常发生事故的类型

根据对全国伤亡事故的调查统计分析,建筑业伤亡事故率仅次于矿山行业。其中高处坠落、物体打击、机械伤害、触电、坍塌为建筑业最常发生的五种事故,近几年来已占到事故总数的80%～90%,应重点加以防范。

## 二、安全事故的处理与法律责任

### 1. 事故处理要求

重大事故、较大事故、一般事故,负责事故调查的人民政府应当自收到事故调查报告之日起15日内做出批复;特别重大事故,30日内做出批复,特殊情况下,批复时间可以适当延长,但延长的时间最长不超过30日。有关机关应当按照人民政府的批复,依照法律、行政法规规定的权限和程序,对事故发生单位和有关人员进行行政处罚,对负有事故责任的国家工作人员进行处分。事故发生单位应当按照负责事故调查的人民政府的批复,对本单位负有事故责任的人员进行处理。负有事故责任的人员涉嫌犯罪的,依法追究刑事责任。

### 2. 事故发生单位事故处理

(1)事故处理要坚持“四不放过”的原则,即事故原因没有查清不放过,事故责任者没有严肃处理不放过,广大员工没有受教育不放过,防范措施没有落实不放过。

(2)在进行事故调查分析的基础上,事故责任项目部应根据事故调查报告中提出的事故纠正与预防措施建议,编制详细的纠正与预防措施,经公司安全部门审批后,严格组织实施。事故纠正与预防措施实施后,由公司安全部门负责实施验证。

(3)对事故造成的伤亡人员工伤认定、劳动鉴定、工伤评残和工伤保险待遇处理,由公司工会和安全部门按照国务院《工伤保险条例》和所在省市综合保险有关规定进行处置。

(4)事故发生单位应当认真吸取事故教训,落实防范和整改措施,防止事故再次发生。防范和整改措施的落实情况应当接受工会和职工的监督。事故处理的情况由负责事故调查的人民政府或者其授权的有关部门、机构向社会公布,依法应当保密的除外。

(5)事故调查处理结束后,公司或项目部(分公司)安全部门应负责将事故详情、原因及责任人处理等编印成事故通报,组织全体职工进行学习,从中吸取教训,防止事故的再次发生。每起事故处理结案后,企业安全部门应负责将事故调查处理资料收集整理后实施归档管理。

(6)安全事故的法律责任。

①事故发生单位主要负责人有下列行为之一的,处上一年年收入40%～80%的罚款;属于国家工作人员的,并依法给予处分;构成犯罪的,依法追究刑事责任:

a. 不立即组织事故抢救的。

b. 迟报或者漏报事故的。

c. 在事故调查处理期间擅离职守的。

②事故发生单位及其有关人员有下列行为之一的,对事故发生单位处100万元以上500万元以下的罚款;对主要负责人、直接负责的主管人员和其他直接责任人员处上一年年收入

60%～100%的罚款；属于国家工作人员的，并依法给予处分；构成违反治安管理行为的，由公安机关依法给予治安管理处罚；构成犯罪的，依法追究刑事责任：

a. 谎报或者瞒报事故的。

b. 伪造或者故意破坏事故现场的。

c. 转移、隐匿资金、财产，或者销毁有关证据、资料的。

d. 拒绝接受调查或者拒绝提供有关情况和资料的。

e. 在事故调查中作伪证或者指使他人作伪证的。

f. 事故发生后逃匿的。

③事故发生单位对事故发生负有责任的，依照下列规定处以罚款：

a. 发生一般事故的，处10万元以上20万元以下的罚款。

b. 发生较大事故的，处20万元以上50万元以下的罚款。

c. 发生重大事故的，处50万元以上200万元以下的罚款。

d. 发生特别重大事故的，处200万元以上500万元以下的罚款。

④事故发生单位主要负责人未依法履行安全生产管理职责，导致事故发生的，依照下列规定处以罚款；属于国家工作人员的，并依法给予处分；构成犯罪的，依法追究刑事责任：

a. 发生一般事故的，处上一年年收入30%的罚款。

b. 发生较大事故的，处上一年年收入40%的罚款。

c. 发生重大事故的，处上一年年收入60%的罚款。

d. 发生特别重大事故的，处上一年年收入80%的罚款。

⑤有关地方人民政府、安全生产监督管理部门和负有安全生产监督管理职责的有关部门有下列行为之一的，对直接负责的主管人员和其他直接责任人员依法给予处分；构成犯罪的，依法追究刑事责任：

a. 不立即组织事故抢救的。

b. 迟报、漏报、谎报或者瞒报事故的。

c. 阻碍、干涉事故调查工作的。

d. 在事故调查中作伪证或者指使他人作伪证的。

⑥事故发生单位对事故发生负有责任的，由有关部门依法暂扣或者吊销其有关证照；对事故发生单位负有事故责任的有关人员，依法暂停或者撤销其与安全生产有关的执业资格、岗位证书；事故发生单位主要负责人受到刑事处罚或者撤职处分的，自刑罚执行完毕或者受处分之日起，5 年内不得担任任何生产经营单位的主要负责人。为发生事故的单位提供虚假证明的中介机构，由有关部门依法暂扣或者吊销其有关证照及其相关人员的执业资格；构成犯罪的，依法追究刑事责任。

⑦参与事故调查的人员在事故调查中有下列行为之一的，依法给予处分；构成犯罪的，依法追究刑事责任：

a. 对事故调查工作不负责任，致使事故调查工作有重大疏漏的。

b. 包庇、袒护负有事故责任的人员或者借机打击报复的。

## 三、施工现场应急救护与自救

施工现场急救是指对建筑施工现场突发性的病人或伤者，由其本人或别人应用急救知识和简单的急救技术所做的临时处理措施，在最大程度上稳定伤病者的伤情或病情，维持伤病者的最基本体征，如呼吸、脉搏、血压等。施工现场急救并非治伤或治病，而是防止伤势或病情恶化的应急措施，现场急救的同时必须向社会呼救，等医生到达后应立即全面接受治疗。

积极、有效的自救与互救，关系到伤病患者生命和伤害的结果，是减少伤亡的有利措施。对伤者或病患的紧急处理措施，越快处理效果越好。职工必须根据自己的工作环境特点，认识和掌握常见事故规律，熟悉事故发生前的预兆和事故发生后的征兆，牢记各类事故的避灾要点，努力提高自己的自主保安意识和抗御灾害的能力。

### 1. 现场自救互救的基本步骤

（1）脱离危险区。

抢救施工现场安全事故造成人员伤亡时，在靠近任何事件受害者前，必须先检查是否对急救者自身构成危险，并保护好急救者自己。如果此时危险依然存在，应采取正确的方法使伤员和自己转移到更安全的地点。同时对现场进行排查，确保在第一时间内找到所有伤患者，以便及时施救。

（2）判断患者伤情，正确施救。

对施工现场遇到的伤害或突发性疾病，不可过分惊慌，发生此类事后重要的是做初步的诊治和判断。不论是意外受伤、突然发病或其他大小症状均需先行处理，且尽可能快速实施急救措施。在没有移动伤员之前先进行最初的检查，若遇到不知如何处理的事故时，不可任意移动患者，否则会使病情恶化。若一次事故中出现的伤员较多，首先应该明白急救处理和治疗的是何类病人，呼吸困难、心率失常、流血不止的伤员应优先考虑。判断形势并正确处理的正确顺序为：恢复和保持呼吸频率/心率正常→止血→保护伤口→固定骨折→安抚惊恐不安者。

（3）及时呼救，寻求医疗救护。

因条件和技术等因素决定，现场所采取急救措施不能彻底救治伤病患者，只算是稳定伤情、防止伤情蔓延扩大的初级救生。所以，事故现场对伤员进行急救的同时，必须及时向社会医疗机构呼救，并安排专人负责迎接医疗救护车。现场急救与社会呼救应同时进行，直到医疗救护人员到达现场接替为止。

(4)排查潜在伤员患者。

有些时候，在突发事故案发现场，没有发现危及伤病的体征，但是患者身体潜在的损伤、骨折和病变等却在事后突然表现出来。所以在对伤病患者展开急救的同时，有必要对在事故中其他有受伤可能的人员进行彻底检查，以便及时施行必要的急救措施和稳定病情。

## 2. 施工现场急救设施

(1)应急电话。

工地应安装电话，无条件安装电话的工地应配置移动电话，座机电话可安装于办公室、值班室、警卫室内，一般应放在室内靠近现场通道的窗扇附近，电话机旁应张贴常用紧急查询电话和工地主要负责人和上级单位的联络电话，以便在节假日、夜间等情况下使用，房间无人上锁时，如果有紧急情况无法开锁，可击碎窗玻璃，用电话向有关部门、单位、人员拨打电话报警求救。

拨打应急电话时要尽量讲清楚伤者(事故)发生在什么地方，什么路几号、靠近什么路口、附近有什么特征；说清楚伤情(病情、火情、案情)和已经采取了些什么措施，以便让救护人员事先做好急救的准备；告知自己的单位、姓名、事故地点、电话号码，以便救护车(消防车、警车)找不到所报地方时，随时通过电话通信联系。在结束报救电话之前，应询问接报人员还有什么问题不清楚，如无问题才能挂断电话。通完电话后，应派人在现场外等候接应救护车，同时把救护车进入工地现场的路上障碍及时予以清除，以利救护车能顺利到达现场及时进行抢救。

(2)急救箱。

急救箱的配备应以简单和适用为原则，器械敷料及医疗药物等应保证现场急救的基本需要，可根据不同情况予以增减，定期检查补充，确保随时可供急救使用。

①器械敷料类配备内容：体温计、血压计、听诊器、止血带、针灸针、镊子、止血钳（大、小）、剪刀、无菌橡皮手套、棉球、棉签、无菌敷料、绷带、三角巾、胶布、夹板、别针、消毒注射器（或一次性针筒）、静脉输液器、心内注射针头两个、气管切开用具（包括大、小银制气管套管）、张口器及舌钳、手术刀、氧气瓶（便携式）及流量计、手电筒（电池）、保险刀、病史记录等。

②应急药物配备内容：现场备用应急药物主要包括常用10％葡萄糖、10％葡萄糖酸钙、25％葡萄糖、维生素、止血敏、生理盐水、碘酒、安定、肾上腺素、异丙基肾上素、阿托品、毒毛旋花子苷水、异搏定、慢心律、硝酸甘油、西地兰、氨茶碱、亚硝酸戊烷、洛贝林回苏灵咖啡因、尼可刹米、异戊巴比妥钠、乳酸钠、氨水、安洛血、苯妥英钠、碳酸氢钠、酒精、乙醚、0.1％新吉尔灭酊、高锰酸钾等。

③急救箱使用注意事项。

施工现场配备的急救箱应安排专人保管，但不要上锁；放置在合适的位置，使现场人员都知道；定期更换超过消毒期的敷料和过期药品，每次急救后要及时补充相关药品。

（3）其他应急设备和设施。

施工现场还应配备用于设置警戒区域的隔离带，以及各类安全禁止、警告、指令、提示标志牌和安全带、安全绳、担架等，并配备用于夜间及黑暗处急救、逃生使用的照明灯具、电筒等设备。

### 3. 施工现场自救互救要点

（1）常用止血法。

①止血带止血法。当现场出现有四肢大血管出血，尤其是

动脉出血，这时应用止血带止血法进行止血。止血带止血法适用范围：受伤肢体有大而深的伤口，血流速度快；肢体完全离断或部分离断；多处受伤，出血量大或受伤部位能看见喷泉一样出血。

②指压止血法。指压止血法是常用的止血方法，在外伤出血时应首先采用。适用范围：适用于小静脉出血；毛细血管出血；头部、躯体、四肢及身体各部位伤口，如果是动脉出血应与止血带配合使用。一个人负了伤，只要立刻果断地用手指或手掌用力压紧伤口附近靠近心脏一端的动脉跳动处，并把血管紧压在骨头上，就能很快收到临时止血的效果。

(2)常用伤口包扎法。

当发现被救出的人身上有外伤时，应立即按正确的搬运方法把伤员抬到安全地点，并尽快脱掉(或剪开)伤员身上的衣服，及时进行伤口止血、包扎。包扎时先对创伤处用消毒的敷料或清洁的医用纱布覆盖，再用绷带或干净的布条包扎。在肢体骨折时，可借助绷带包扎夹板来固定受伤部位上下两个关节，减少损伤和疼痛，预防休克。注意不可用水清洗伤口里的灰土等杂物，包扎时避免用手直接触及伤口，更不可用脏布包扎。

(3)人工呼吸法。

人工呼吸方法：抢救者一手托住伤员下颌以便保持呼吸道畅通，另一手拇指和食指捏紧其鼻子或口唇，深吸一口气，憋住，将嘴贴紧对方口 唇或鼻将气吹出。吹气量：800? 1000 毫升/次。次数：12 次/分，同时观察是否有效——胸部明显隆起。

事故现场发现有昏迷的伤员患者，应把伤员抬到空气新鲜、流动的环境中，要以最快的速度和极短的时间检查一下伤员瞳孔有无光反射，摸摸有无脉搏跳动，听听有无心跳，用棉絮放在受伤者的鼻孔处观察有无呼吸，按一下指甲有无血液循环，同时还要检查有无外伤和骨折。一旦确定病人呼吸停止，应立即对患者进行人工呼吸。

(4)体外挤压恢复心脏跳动法。

让伤员仰卧在板床或地面上，头低于心脏水平或抬高两下肢，以利静脉回流。把伤员的衣服和裤带全部解开(冬季应注意采取保暖措施)，抢救者站在患者左侧或跪在伤员的腰部两侧，一手掌根部置于患者胸骨下 1/3 段，即中指对准颈部凹陷的下缘，手掌贴胸平放，掌腕放在伤员左乳头下方处，另一手掌交叉重叠于该手背上，肘关节伸直，借助自身重力垂直向下挤压伤员的胸廓，压陷深度 3～4cm，然后突然松开(此时手掌可不离开胸壁)，如此反复进行，每分钟约 60～80 次，直到伤员复苏或确认无效为止。

操作时应注意正确定位，用力适当，应有节奏地反复进行。不可因用力过猛造成继发性组织器官损伤或肋骨骨折等二次事故。抢救时必须兼顾心跳和呼吸，可以采取口对口人工呼吸和体外挤压恢复心脏跳动法同时进行。

(5)伤员搬运。

在对现场突发事故伤员采取急救的过程中，要坚持“三先三后”原则，即：对窒息(呼吸道完全堵塞)或心跳、呼吸停止不久的伤员，必须先复苏，后搬运；对出血伤员，必须先止血，后搬运；对骨折伤员，必须先固定，后搬运。经现场止血、包扎、固定后的伤员患者，应尽快地搬运转送医院接受进一步治疗，不正确的搬运方法将导致继发性创伤，甚至威胁伤员患者的生命。

①轻伤员搬运。针对手足等局部受伤且伤情不重的伤员可采用抱、扶、背的方法将伤员送往医院。可采取单人背负搬运，也可采取两人配合坐椅式搬运。

②骨折伤员搬运。在肢体受伤后局部出现疼痛、肿胀、功能

性障碍、畸形变化等骨折症状时，必须在止血、包扎、固定后方可搬运。注意防止骨折断端可能因为搬运振动而错乱移位，加重伤情。

③重伤员搬运。重伤员如大出血、脊柱骨折、大腿骨折等，一定要用担架抬送。对脊柱骨折的伤员不可随便搬动和翻动，更不准背、抱，不能用软担架抬送。把伤员移至担架上时，要2～3人齐心协力，轻抬轻放，避免脊柱弯曲扭动，防止加重伤情。搬运过程中，应注意给伤员做好保暖。抬担架的人要步调一致，不可左右晃动，任何情况下，都应保持担架高低一致。如没有专用担架，应就地取材，自制临时担架。

(6)火灾自救及烧伤、灼烫急救。

①火灾自救。施工现场一旦发生火灾，当采取相应灭火措施仍无法避免火灾时，应立即撤离火灾区。衣服着火，应立即倒在地上翻滚或翻入附近的水沟中或潮湿地上，以便迅速压灭或冲灭火苗。不得慌乱地喊叫、奔跑，以免风助火威，造成呼吸道烧伤。火灾现场自救注意事项如下：

a. 火灾袭来时要迅速疏散逃生，不要贪恋财物。

b. 身上着火时，可就地打滚，或用厚重衣物覆盖压灭火苗。

c. 大火封门无法逃生时，可用浸湿的被褥衣物等堵塞门缝，泼水降温，呼救待援。

d. 必须穿越浓烟逃走时，应尽量用浸湿的衣物裹住身体，用湿毛巾或湿布捂住口鼻，贴近地面爬行。

e. 救火人员应注意自我保护，使用灭火器材救火时应站在上风位置，以防因烈火、浓烟熏烤而受到伤害。

f. 如果是用电造成火灾，应使用干粉灭火器进行灭火，不得使用泡沫灭火器，更不准使用水熄灭。电路起火，灭火时应先切断电源、煤气总开关。

②烧伤、灼烫急救。

a. 肢体被明火烧伤时，可用自来水冲洗或浸泡伤患处，避免受伤面扩大。

b. 肢体被沸水或蒸汽烫伤时，应立即剪开已被沸水湿透的衣服和鞋袜。然后将受伤的肢体浸于冷水中，可起到止痛和消肿的作用。如贴身衣服与伤口粘在一起时，可用剪刀先剪开，然后慢慢将衣服脱去，切勿强行撕脱，以免使伤口加重。

c. 严禁用红汞、碘酒和其他未经医生同意的药物涂抹烧伤或烫伤创面，应用消毒纱布覆盖在伤口上，并迅速将伤员送往医院救治。

(7)溺水急救。

①尽快把溺水者捞救出水，并以最快的速度撬开他的嘴，清除堵塞在嘴和鼻孔里的泥土或其他杂物，并把他的舌头拉出来，使呼吸道畅通。

②及时对患者进行控水，可根据实际情况采取以下方法：

a. 膝顶控水法。急救者取半跪的姿势，把溺水者的腹部放在自己的膝盖上，使头部下垂，并不断压迫他的背部，把灌入胃里的水控出来。

b. 肩扛控水法。可将溺水者腹部放在急救者肩上，急救者上、下耸肩或快速奔走，使积水不断控出。

c. 提腰控水法。把溺水者腰部向上提，使他的背部向上、头部下垂，以便积水从溺水者的胃里流出。

③控水后，若溺水者呼吸已停、心跳未停，应立即做人工呼吸。如心跳已停止，应做体外挤压恢复心脏跳动，同时进行口对口人工呼吸，必须连续进行，直到复苏或确实无效时才能停止。呼吸恢复后，进行四肢向上按摩，以促进血液循环，可服少量浓茶或热姜汤以抗寒。

④在进行抢救的同时,要派人立即向医疗机构呼救。

(8)高处坠落急救。

①现场急救。

对于高处坠落到地面的伤员,应初步检查伤情,不能随便搬动或摇动患者,必须立即向社会医疗机构呼救。如有肢体大量出血,应在保持患者体位不动的情况下采取适当措施及时止血,并进行初步包扎。如果现场确定四肢骨折,应按正确方法及时进行固定。

②伤员搬运,参见(5)伤员搬运相关内容。

(9)触电急救。

①迅速关闭开关,切断电源,或用绝缘物尽快让触电者与电源脱离。救护者在断开电源开关、确定患者脱离电源之前,不能触摸受伤者。

②如果一时不能切断电源,救助者应穿上胶鞋或站在干的木板凳子上,双手戴上厚的塑胶手套,用干的木棍、扁担、竹竿等不导电的物体,挑开受伤者身上的电线,尽快将受伤者与电源隔离。

③切断电源时,不得用绝缘状况不明的斧子砍断电缆,以免自身触电,引起新的事故;必须妥善处理被挑开的漏电电源电线,以免造成他人再次触电。有条件时,要先戴上绝缘手套,穿上绝缘鞋;在触电者没有脱离电源之前,不要直接接触触电者。

④对触电者的急救应分秒必争,触电者脱离电源后,应立即检查其心跳与呼吸。对呼吸停止、心跳尚存者应立即进行口对口人工呼吸。发现伤员心跳停止或心音微弱,应立即进行体外心脏按压,同时进行口对口人工呼吸。

⑤除少数确实已证明被电死者外,抢救需维持到使触电者恢复呼吸心跳,或确诊已无生还希望为止。发生呼吸心跳停止

的病人，病情都很危重，应一面进行抢救，一面紧急把病人送到就近医院治疗。在转送医院的途中，抢救工作不能中断。人在触电后，有时会有较长时间的“假死”，因此，急救者应耐心进行抢救，绝不要轻易中止。

⑥处理电击伤伤口时应先用碘酒纱布覆盖包扎，然后按烧伤处理。电击伤的特点是伤口小、深度大，所以应注意防止继发性大出血。千万要注意不可盲目地给触电者打强心针。

(10)中毒急救。

①一氧化碳中毒急救。发现有人因有害气体中毒或窒息时，应立即打开门窗通风，迅速把患者抬到空气新鲜、流动的环境中，进行抢救(冬季应注意给患者保暖)。在救护中，急救人员一定要沉着，动作要迅速。轻度中毒，数小时后即可恢复，中、重度中毒应尽快向急救中心呼救。确保中毒者呼吸道通畅，神志不清者应将头部偏向一侧，以防呕吐物吸入呼吸道引起窒息，要立即给中毒者闻氨水解毒，有条件的可给病人吸氧，对于昏迷者或抽搐者，可头置冰袋，切忌采用冷冻、灌醋或灌酸菜汤等不科学的做法。如果一氧化碳中毒者呼吸虽已停止但心脏还有跳动，应解开衣服，搓擦他的皮肤，并立即进行人工呼吸。

②食物中毒急救。建筑工地常见食物中毒事故多为误食发芽土豆、未熟扁豆、变质食物、混凝土添加剂中的亚硝酸钠、硫酸钠和酒精中毒等。食物中毒以呕吐和腹泻为主要表现，常在食后 1 小时到 1 天内出现恶心、剧烈呕吐、腹痛、腹泻等症，继而可出现脱水和血压下降而致休克。肉毒杆菌污染所致食物中毒病情最为严重，可出现吞咽困难、失语、复视等症。食物中毒的处理办法如下：

a. 立即停止食用可疑中毒食物，食物中毒早期应禁食，但不宜过长。

b. 剧烈呕吐、腹痛、腹泻不止者可注射硫酸阿托品。

c. 有脱水征兆者及时补充体液，可饮用加入少许食盐、糖的饮品，或静脉输液。

d. 肉毒杆菌食物中毒者应速送医院急救，给予抗肉毒素血清等。

e. 对于一般神志清醒者应设法催吐，尽快排除毒物。可大量饮用清水或淡盐水后，用筷子等刺激咽后壁或舌根部，造成呕吐动作，将胃内食物吐出来，反复多次，直到吐出物呈清亮为止。

f. 对于催吐无效或神志不清者，应及时送往医院进行洗胃，以减少毒素的吸收。

(11)刺伤、戳伤急救。

刺伤、戳伤是指因刀具、玻璃、铁丝、铁钉、铁棍、钢针、钢钎等尖锐物品刺戳所造成的意外伤害。处理戳伤应注意以下急救要点：

①对于较轻的刺伤和戳伤，只需进行创口消毒清洗后，用干净的纱布等包扎止血，或就地取材使用代替品初步包扎后再去医院进一步包扎。

②对于仍停留在体内的铁钉、铁棍、钢针、钢钎等硬器，不要立即拔出，应用清洁纱布或其他布料（或干净的手绢）按在伤口四周以止血，并妥当地将硬器固定好，防止脱落，尽快将患者送往医院手术取出。

③如果刺入伤口的物体较小，可用环形垫或用其他纱布垫在伤口周围。用干净的纱布覆盖伤口，再用绷带加压包扎，但不要压及伤口。如果戳伤比较严重，则应及时送医院救治。

④对于刺中腹部导致肠道等内脏脱出来时，不得将脱出的肠道等内脏再送回腹腔内，以免加大感染，可在脱出的肠道上覆盖消毒纱布，再用干净的盆或碗倒扣在伤口上，用绷带或布带进

行固定，同时迅速送往医院抢救。

⑤对于施工现场出现的各类刺伤、戳伤等，无论伤口深浅，均应去医院接收注射治疗，防止引起破伤风。

(12)坍塌急救。

坍塌伤害是指由于土体塌方、垮塌而造成人员被土石方等物体压埋，发生掩埋窒息或造成人员肢体损伤的事故。现场抢救坍塌事故被埋压的人员时，应注意以下急救要点：

①先认真观察事故地点塌方的情况，如发现现场土、石壁有再塌落的危险时，要先维护好土、石壁，通过由外向里，边支护边掏洞的办法，小心地把遇险者身上的土、石块搬开，把被埋压者救出来。

②尽早先将患者头部露出来，立即清除其口腔内的泥土等杂物，保持呼吸道畅通。

③如果土、石块较大，无法搬运，可用千斤顶等工具抬起，然后把石块拨开。不得生拉硬拽拖出患者，也不得镐刨锤打移除大石块。

④救出伤员后，应立即判断伤员的伤情，根据实际情况采取正确的急救方法。

⑤在搬运伤员过程中，防止肢体活动，无论有无骨折，均需用夹板固定，将肢体暴露在凉爽的空气中；对于脊椎骨折的患者，避免脊柱弯曲扭动，防止加重伤情。

(13)电焊光伤眼急救。

电焊工在电焊施工操作过程中，长时间不戴防护眼镜看电焊弧光，眼睛会被电弧光中强烈的紫外线所刺激，从而发生电光性眼炎，即平常所说的电弧光“打”了眼睛，电光性眼炎的主要症状是眼睛磨痛、流泪、怕光。从眼睛被电弧光照射到出现症状，大约要经过 2～10h。

从事电焊工作的工人，禁止不戴防护眼镜进行电焊操作，以免引起不必要的事故。电焊工操作时，应穿电焊工作服、绝缘鞋和戴电焊手套、防护面罩等安全防护用品，防止被强光刺伤眼睛。

发生电光性眼炎，可去医院用4%奴夫卡因药水点眼，症状会很快缓解。如果电光性眼炎的发病在夜间或在家里出现，可用煮过而又冷却的鲜牛奶点眼以止痛；可用毛巾浸冷水敷眼，闭目休息等自我急救措施缓解疼痛。经过应急处理后，除了休息外，还要注意减少光的刺激，并尽量减少眼球转动和摩擦。

(14)中暑急救。

中暑是指人员因处于高温高热的环境而引起的疾病。施工现场发现有人中暑时首先应迅速转移中暑患者，将中暑者迅速移至阴凉通风的地方，解开衣服、脱掉鞋子，让其平卧，头部不要垫高，保持患者呼吸畅通；用凉水或50%酒精擦其全身，直到皮肤发红，血管扩张以促进散热、降温；对于能饮水的患者应鼓励其多喝凉盐开水或其他饮料，不能饮水者，应进行静脉补液，以补充水分和无机盐类；对于呼吸衰竭或循环衰竭时的患者，可在医生叮嘱下分别注射相应药物；在患者痊愈前，应进行严密观察，精心护理，在医疗条件不完善的情况下，应及时把患者送往就近医院进行抢救。

(15)传染病患者急救。

施工现场一旦发现有传染病患者，应立即报告相关领导，把患者送往医院进行诊治，陪同人员必须做好防护隔离措施；对可能出现病因的场所进行隔离、消毒，严格控制疾病的再次传播；如发现员工有集体发烧、咳嗽等不良症状，应立即报告现场负责人和有关主管部门，对患者进行隔离加以控制，同时启动应急救援方案。由于施工现场的施工人员较多，如若控制不当，容易造成集体感染传染病。因此需要采取正确的措施加以处理，防止大面积人员感染传染病。另外，应加强现场员工的教育和管理，落实各级责任制，严格履行员工进出现场登记手续，做好病情的监测工作。

## 四、工伤处理

为了保障因工作遭受事故伤害或者患职业病的职工获得医疗救治和经济补偿，促进工伤预防和职业康复，分散用人单位的工伤风险，各单位均应依照法律的规定为员工缴纳工伤保险。因此，建筑工程单位的职工均有依法享受工伤保险待遇的权利。

用人单位和职工应当遵守有关安全生产和职业病防治的法律法规，执行安全卫生规程和标准，预防工伤事故发生，避免和减少职业病危害。职工发生工伤时，用人单位应当采取措施使工伤职工得到及时救治。

### 1. 工伤认定

(1)职工有下列情形之一的，应当认定为工伤：

①在工作时间和工作场所内，因工作原因受到事故伤害的。

②工作时间前后在工作场所内，从事与工作有关的预备性或者收尾性工作受到事故伤害的。

③在工作时间和工作场所内，因履行工作职责受到暴力等意外伤害的。

④患职业病的。

⑤因工外出期间，由于工作原因受到伤害或者发生事故下落不明的。

⑥在上下班途中，受到非本人主要责任的交通事故或者城市轨道交通、客运轮渡、火车事故伤害的。

⑦法律、行政法规规定应当认定为工伤的其他情形。

(2)职工有下列情形之一的,视同工伤:

①在工作时间和工作岗位,突发疾病死亡或者在 48h 之内经抢救无效死亡的。

②在抢险救灾等维护国家利益、公共利益活动中受到伤害的。

③职工原在军队服役,因战、因公负伤致残,已取得革命伤残军人证,到用人单位后旧伤复发的;职工有前款第①次、第②次情形的,按照本条例的有关规定享受工伤保险待遇;职工有前款第③次情形的,按照本条例的有关规定享受除一次性伤残补助金以外的工伤保险待遇。

(3)职工符合上述的规定,但是有下列情形之一的,不得认定为工伤或者视同工伤:

①故意犯罪的。

②醉酒或者吸毒的。

③自残或者自杀的。

(4)工伤职工有下列情形之一的,停止享受工伤保险待遇:

①丧失享受待遇条件的。

②拒不接受劳动能力鉴定的。

③拒绝治疗的。

## 2. 工伤认定申请的提交与受理

职工发生事故伤害或者按照职业病防治法规定被诊断、鉴定为职业病,所在单位应当自事故伤害发生之日或者被诊断、鉴定为职业病之日起 30 日内,向统筹地区社会保险行政部门提出工伤认定申请。遇有特殊情况,经报社会保险行政部门同意,申请时限可以适当延长。

用人单位未按前款规定提出工伤认定申请的，工伤职工或者其近亲属、工会组织在事故伤害发生之日或者被诊断、鉴定为职业病之日起1年内，可以直接向用人单位所在地统筹地区社会保险行政部门提出工伤认定申请。

按照《工伤保险条例》规定应当由省级社会保险行政部门进行工伤认定的事项，根据属地原则由用人单位所在地的设区的市级社会保险行政部门办理。

用人单位未在规定的时限内提交工伤认定申请，在此期间发生符合法律规定的工伤待遇等有关费用由该用人单位负担。

提出工伤认定申请应当提交下列材料：

(1)工伤认定申请表。

(2)与用人单位存在劳动关系(包括事实劳动关系)的证明材料。

(3)医疗诊断证明或者职业病诊断证明书(或者职业病诊断鉴定书)。

工伤认定申请表应当包括事故发生的时间、地点、原因以及职工伤害程度等基本情况。工伤认定申请人提供材料不完整的，社会保险行政部门应当一次性书面告知工伤认定申请人需要补正的全部材料。申请人按照书面告知要求补正材料后，社会保险行政部门应当受理。

社会保险行政部门受理工伤认定申请后，根据审核需要可以对事故伤害进行调查核实，用人单位、职工、工会组织、医疗机构以及有关部门应当予以协助。职业病诊断和诊断争议的鉴定，依照职业病防治法的有关规定执行。对依法取得职业病诊断证明书或者职业病诊断鉴定书的，社会保险行政部门不再进行调查核实。职工或者其近亲属认为是工伤，用人单位不认为是工伤的，由用人单位承担举证责任。

社会保险行政部门应当自受理工伤认定申请之日起 60 日内作出工伤认定的决定，并书面通知申请工伤认定的职工或者其近亲属和该职工所在单位。社会保险行政部门对受理的事实清楚、权利义务明确的工伤认定申请，应当在 15 日内作出工伤认定的决定。作出工伤认定决定需要以司法机关或者有关行政主管部门的结论为依据的，在司法机关或者有关行政主管部门尚未作出结论期间，作出工伤认定决定的时限中止。社会保险行政部门工作人员与工伤认定申请人有利害关系的，应当回避。

### 3. 劳动能力鉴定

职工发生工伤，经治疗伤情相对稳定后存在残疾、影响劳动能力的，应当进行劳动能力鉴定。劳动能力鉴定是指劳动功能障碍程度和生活自理障碍程度的等级鉴定。

劳动功能障碍分为十个伤残等级，最重的为一级，最轻的为十级。生活自理障碍分为三个等级：生活完全不能自理、生活大部分不能自理和生活部分不能自理。

劳动能力鉴定由用人单位、工伤职工或者其近亲属向设区的市级劳动能力鉴定委员会提出申请，并提供工伤认定决定和职工工伤医疗的有关资料。省、自治区、直辖市劳动能力鉴定委员会和设区的市级劳动能力鉴定委员会分别由省、自治区、直辖市和设区的市级社会保险行政部门、卫生行政部门、工会组织、经办机构代表以及用人单位代表组成。

劳动能力鉴定委员会建立医疗卫生专家库。列入专家库的医疗卫生专业技术人员应当具备下列条件：

（1）具有医疗卫生高级专业技术职务任职资格。

（2）掌握劳动能力鉴定的相关知识。

(3)具有良好的职业品德。

设区的市级劳动能力鉴定委员会收到劳动能力鉴定申请后，应当从其建立的医疗卫生专家库中随机抽取 3 名或者 5 名相关专家组成专家组，由专家组提出鉴定意见。设区的市级劳动能力鉴定委员会根据专家组的鉴定意见作出工伤职工劳动能力鉴定结论；必要时，可以委托具备资格的医疗机构协助进行有关的诊断。

设区的市级劳动能力鉴定委员会应当自收到劳动能力鉴定申请之日起 60 日内作出劳动能力鉴定结论，必要时，作出劳动能力鉴定结论的期限可以延长 30 日。劳动能力鉴定结论应当及时送达申请鉴定的单位和个人。

申请鉴定的单位或者个人对设区的市级劳动能力鉴定委员会作出的鉴定结论不服的，可以在收到该鉴定结论之日起 15 日内向省、自治区、直辖市劳动能力鉴定委员会提出再次鉴定申请。省、自治区、直辖市劳动能力鉴定委员会作出的劳动能力鉴定结论为最终结论。劳动能力鉴定工作应当客观、公正。劳动能力鉴定委员会组成人员或者参加鉴定的专家与当事人有利害关系的，应当回避。

自劳动能力鉴定结论作出之日起 1 年后，工伤职工或者其近亲属、所在单位或者经办机构认为伤残情况发生变化的，可以申请劳动能力复查鉴定。劳动能力鉴定委员会依照以上规定进行再次鉴定和复查，鉴定的期限依照上述的规定执行。

### 4. 工伤保险待遇

(1)职工因工作遭受事故伤害或者患职业病进行治疗，享受工伤医疗待遇。职工治疗工伤应当在签订服务协议的医疗机构就医，情况紧急时可以先到就近的医疗机构急救。

(2)治疗工伤所需费用符合工伤保险诊疗项目目录、工伤保险药品目录、工伤保险住院服务标准的，从工伤保险基金支付。工伤保险诊疗项目目录、工伤保险药品目录、工伤保险住院服务标准，由国务院社会保险行政部门会同国务院卫生行政部门、食品药品监督管理部门等部门规定。

(3)职工住院治疗工伤的伙食补助费，以及经医疗机构出具证明，报经办机构同意，工伤职工到统筹地区以外就医所需的交通、食宿费用从工伤保险基金支付，基金支付的具体标准由统筹地区人民政府规定。

(4)工伤职工治疗非工伤引发的疾病，不享受工伤医疗待遇，按照基本医疗保险办法处理。工伤职工到签订服务协议的医疗机构进行工伤康复的费用，符合规定的，从工伤保险基金支付。

(5)社会保险行政部门作出认定为工伤的决定后发生行政复议、行政诉讼的，行政复议和行政诉讼期间不停止支付工伤职工治疗工伤的医疗费用。

(6)工伤职工因日常生活或者就业需要，经劳动能力鉴定委员会确认，可以安装假肢、矫形器、假眼、假牙和配置轮椅等辅助器具，所需费用按照国家规定的标准从工伤保险基金支付。

(7)职工因工作遭受事故伤害或者患职业病需要暂停工作接受工伤医疗的，在停工留薪期内，原工资福利待遇不变，由所在单位按月支付。

(8)停工留薪期一般不超过 12 个月。伤情严重或者情况特殊，经设区的市级劳动能力鉴定委员会确认，可以适当延长，但延长不得超过 12 个月。工伤职工评定伤残等级后，停发原待遇，按照本章的有关规定享受伤残待遇。工伤职工在停工留薪期满后仍需治疗的，继续享受工伤医疗待遇。

(9)生活不能自理的工伤职工在停工留薪期需要护理的，由所在单位负责。

(10)工伤职工已经评定伤残等级并经劳动能力鉴定委员会确认需要生活护理的，从工伤保险基金按月支付生活护理费。

(11)生活护理费按照生活完全不能自理、生活大部分不能自理或者生活部分不能自理3个不同等级支付，其标准分别为统筹地区上年度职工月平均工资的50%、40%或者30%。

(12)职工因工致残被鉴定为一级至十级伤残的，根据《工伤保险条例》的规定享受一次性伤残补助金和伤残津贴。劳动、聘用合同期满终止，或者职工本人提出解除劳动、聘用合同的，由工伤保险基金支付一次性工伤医疗补助金，由用人单位支付一次性伤残就业补助金。一次性工伤医疗补助金和一次性伤残就业补助金的具体标准由省、自治区、直辖市人民政府规定。

## 5. 工亡补助

职工因工死亡，其近亲属按照下列规定从工伤保险基金领取丧葬补助金、供养亲属抚恤金和一次性工亡补助金：

(1)丧葬补助金为6个月的统筹地区上年度职工月平均工资。

(2)供养亲属抚恤金按照职工本人工资的一定比例发给由因工死亡职工生前提供主要生活来源、无劳动能力的亲属。标准为：配偶每月40%，其他亲属每人每月30%，孤寡老人或者孤儿每人每月在上述标准的基础上增加10%。核定的各供养亲属的抚恤金之和不应高于因工死亡职工生前的工资。供养亲属的具体范围由国务院社会保险行政部门规定。

(3)一次性工亡补助金标准为上一年度全国城镇居民人均可支配收入的20倍。

伤残职工在停工留薪期内因工伤导致死亡的,其近亲属享受第(1)项规定的待遇。

一级至四级伤残职工在停工留薪期满后死亡的,其近亲属可以享受第(1)项和第(2)项规定的待遇。

# 参 考 文 献

[1] 中华人民共和国住房和城乡建设部. 施工企业安全生产评价标准(JGJ/T 77—2010)[S]. 北京:中国建筑工业出版社,2010.

[2] 建筑工人职业技能培训教材编委会. 建筑工人安全知识读本[M]. 北京:中国建筑工业出版社,2015.

[3] 建设部工程质量安全监督与行业发展司. 建筑工人安全操作基本知识读本(合订本)[M]. 北京:中国建筑工业出版社,2006.

[4] 中华人民共和国住房和城乡建设部. 建筑施工安全技术统一规范(GB 50870—2013)[S]. 北京:中国建筑工业出版社,2014.

[5] 建设部人事教育司. 防水工[M]. 北京:中国建筑工业出版社,2002.